當我由人妻變人母
從兩條線到卸貨

給對生育感到掙扎與迷惘的妳，以及
始終不離不棄、一路相伴的那個他

李麗——著

目錄

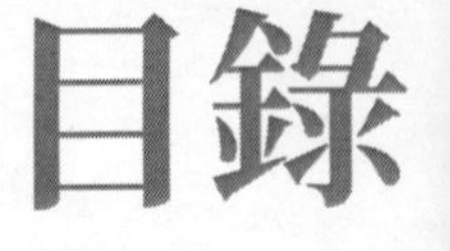

第三章：做個快樂的孕媽咪

目錄

目錄

序言：孕期，正能量積蓄正當時

女人懷孕，可是家庭中的一件大事，當向別人宣布「我有了」的時候，孕媽咪立刻像「國寶」一樣被「供」了起來。雖然享受著這樣的待遇，但是孕媽咪們依然有各式各樣的煩惱，很多丈夫「被折磨」得有口難言，覺得妻子不好伺候。長久的溝通不暢，不能互相理解漸漸為以後的生活衝突埋下了種子，而在孩子出生後的三年，正值家庭結構改變，家庭責任增多，經濟壓力增大，家庭關係緊張，普遍夫妻對婚姻的滿意度呈現整體最低值的時刻，孕期埋下的「種子」很容易在此刻爆發，使很多家庭出現了情感危機，嚴重損害婚姻的品質。

孕媽咪在孕期與胎兒血脈相連，孕媽咪的心境好壞直接影響著腹中胎兒的成長。因為胎寶寶生長發育所需的營養成分，是由母體血液循環透過胎盤提供的，孕媽咪的情緒變化會影響營養的攝取、激素的分泌和血液的化學成分，孕媽咪的不良情緒可能會增加寶寶在未來發育過程中的風險。如果孕媽咪受到驚嚇、恐懼、悲傷等嚴重精神刺激，會引起精神過度緊張，影響食慾，對胎寶寶生長發育不好，還會使得腎上腺皮質激素分泌增加，可能會導致流產或早產，即使寶寶出生，也容易出現身體功能失調、消化系統發生紊亂。長期焦慮不安、驚恐還會使寶寶日後形成不穩定的性格和脾氣。此外，受驚嚇、過分憂慮、情緒緊張是孕早期引起顎裂和兔唇畸形的重要原因。

曾經有這樣一個試驗：將懷孕的母猴放在椅子上，然後以目怒視，給以強烈的刺激，待母猴被激怒後，測量腹中胎兒的血氧，結果發現，母猴越驚恐不安，胎兒的血氧越少，直至最後死亡。

唐山大地震對那些孕媽咪們帶來的重大負面刺激是可以想像的，十年後專家對胎兒期度過地震災難的孩子進行測定，他們的平均智商明顯低於其他同齡兒的平均智商。

因此，孕媽咪內心的負能量是帶有強烈的「殺傷力」的，不僅關乎孩子的身心健康，甚至關乎其生命存亡，而將負能量轉變為正能量就顯得尤為重要。

量子物理學家認為，人是由能量組成的，想法的改變會導致體內荷爾蒙分泌的不同。心理學家認為，正能量意味著我們處在一個平和、充滿期待、正向積極的身心狀態。孕媽咪內心充滿正能量，就意味著為胎寶寶提供最好的孕育環境和最優秀的胎教。所以，孕媽咪不僅需要飲食上的營養，更需要心靈上的滋養和成長。

但是，很多孕媽咪恰恰在這樣關鍵的時刻，心靈上易被負能量所困擾。在我為孕媽咪們提供諮商服務期間，孕媽咪們有的因為生理原因，有的因為工作成就感喪失，有的因為社交封閉，有的擔心經濟問題，有的在和準爸爸、婆婆等人際關係上出現問題，還有的憂慮胎寶寶的健康等多種原因造成失落、憂鬱、焦慮、易怒等多種不良情緒。

如今，孕媽咪們和家人們都懂得孕期需要補充營養，注重身體的健康，但是對如何處理孕媽咪心靈的負能量卻顯得力不從心。

正是由於以上的現象，促使我完成這本書。希望本書能為更多的孕媽咪開解煩惱，預防產後憂鬱，趁孕期的期間獲得更多的正能量，以積極地

序言

孕期，正能量積蓄正當時

完成人生中的重大轉變；也能為更多的準爸爸提供一些方法和支援，全家人群策群力，在正能量中迎接小天使的出生，並且將正能量延續到家庭的未來……

第一章・・孕育生命初體驗

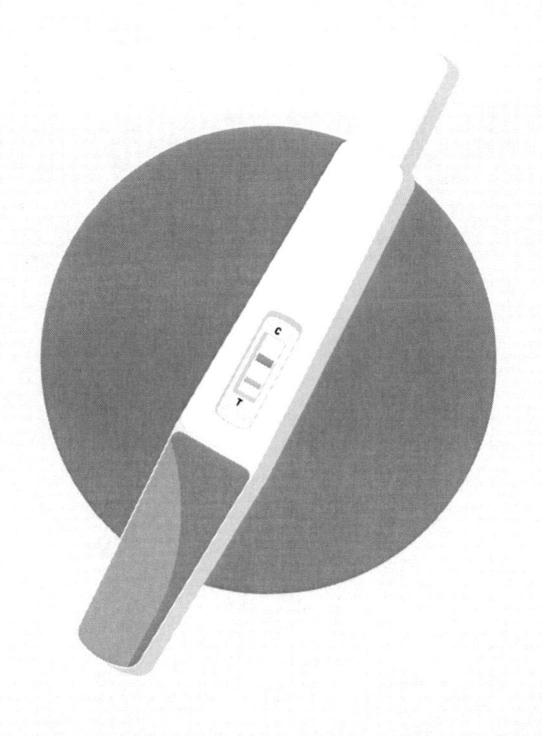

要孩子是人生一大冒險，要或不要？

對於女性來說，要孩子是件很自然的事情，可是在現在的社會裡，面對經濟壓力和心理壓力的增加，有些女性卻開始對這件事情有所猶豫。

畢竟，生育孩子之後，女性要付出大量的精力，這個決定對女性的人生會產生重大的改變。女性對社會的貢獻，本來就沒有獲得足夠的支持或承認，而生兒育女又使這個問題變得更嚴重。日常家事、照顧孩子往往都會落在家裡的女主人身上，而且沒有任何報酬。繁重的家庭瑣事會讓一個本來優雅的、有自己生活的女性變得氣喘吁吁。

除了經濟壓力大，難以平衡工作和事業之外，現在生育高峰的人們在蜜罐中長大，缺乏責任感，不敢承擔生育的責任也是猶豫的原因，自己都童心未泯，怎麼敢去做別人的父母？還有的夫妻想長期過二人世界，不想被第三者打擾；有的人害怕影響自己的身材，有的人害怕生出畸形兒……於是乾脆不生了。

如果夫妻兩個人都決定做頂客族也就罷了，沒有誰必須要孩子，這世界也不缺少人來居住，過個「頂寵」生活，將寵物當成孩子來撫養也可以過得悠哉悠哉。怕的就是本來想「頂客」，可是後來又「白頂」——白白頂客了一回。如果夫妻兩個都反悔，達成一致也就罷了，最麻煩的就是「頂憂」，即因是否延續頂客生活而憂慮，一方想要孩子，而另一方則不想要孩子，夫妻之間無法達成一致。

小蘭就處於「頂憂」之中，現在她已經處在「是要孩子」還是「離婚」的抉擇之中……讓我們一起來看看小蘭的傾訴：

按理說，我已經到了生育的最佳年齡階段，但是我還是不想要孩子。我因為這個已經和老公鬧到要離婚的地步了。我之所以有這樣的恐懼是因為我的妹妹是個腦麻患者，我親眼看到媽媽為她操碎了心，而我最好的朋友因為生孩子，生活品質也大大縮水，整天沉浸在孩子的日常的瑣事裡，產後憂鬱到現在也沒痊癒。要孩子，實在是人生中最大的冒險，如果生個神童還好，萬一生個木頭木腦的呆瓜，連自己後半生的快樂都得賠進去，實在是很吃虧。可是老公卻很喜歡孩子，過去我說不要孩子他還沒在意，以為我只是說說而已，現在我們已經三十多歲了，他看我不像是在開玩笑，就沉不住氣了，大有「不生孩子就離婚」的架勢。我雖然不想要孩子，但是又不想因為這件事情和老公離婚，為難中……

小蘭之所以不想要孩子，是因為她吸收的關於養孩子的負面資訊比較多，因此形成了恐懼。要孩子確實是人生的一大冒險，這說的沒錯，如果不幸孩子殘疾或者有智力障礙，的確需要家長辛苦照顧。但是這樣的機率有多大?誰也說不準。

如果選擇要孩子，神童的機率也不大，神童的形成除了天生的遺傳因素還有後天的培養和教育，這也不是由孩子單方面所能決定的，主要也要看父母本人的天賦以及在教育上投入的精力。

更多的情況是生一個普通的孩子。那麼孩子的性格、秉性會有各種類型，小蘭所說的「木頭木腦的呆瓜」就屬於慢熱型的孩子，可能會是普通孩子中的一個。如果普通孩子都無法接受，只能接受神童的話，我想小蘭確實對孩子以及自己的要求太高了。

如果肯放低對自己的要求（孩子是否是神童更加取決於家長），也願意多看看其他家長享受孩子帶來的快樂和幸福，就能對這個問題看得更加全面。小蘭覺得接受不接受孩子的到來是件令人為難的事情，但是又有多少父母因為條件不夠費盡心機想要獲得一個孩子。在小蘭的想法裡，孩子可能象徵著累贅、負擔、痛苦，可是又有多少人覺得孩子是天使，是開心果，是幫助自己成長的老師……孩子對於我們的意義，除了小蘭所認為的那一種，其實還有很多很多，這和自己對「孩子」的認知有關。

對於普通人來說，當我們逐漸老去，各種能力都在退化以後，教育得當的前提下成長的孩子會給予我們更多的幸福和快樂，提高我們晚年生活的品質。沒有孩子的晚年通常是孤獨寂寞，幸福指數不高的。在孩子成長的初期，我們給予孩子，到晚年接受孩子的給予，從而達成主動和被動的平衡。父母對孩子有效付出多少愛，在未來也會從孩子那裡收穫多少愛。

有心理學家證明，人的幸福與物質的相關性大概有四分之一的關係，幸福很大程度上與金錢無關，卻與我們的人際交往有著直接的關係。當然，我們的生命中不經由孩子或許也能保證幸福和快樂的指數，那就需要我們發展其他的親密關係，例如：配偶、父母、朋友。如果在其他方面自己感覺滿足，那麼沒有孩子也未嘗不可。

也有的人願意把自己的一生都投入到某一項偉大的事業中，有個非常明確的人生主題，如果整天沉浸在自己對這個世界的貢獻中，能做到公而忘私的人生境界，那麼也會很幸福。

對於小蘭來說，需要考慮如果堅持自己的立場與婚姻幸福之間的關係，畢竟配偶是我們人生中的重要他人。無論如何選擇，都是為了自身的幸福，就要看離婚的風險和要孩子的風險對小蘭來說哪個更不能接受了。

當然，每個人對幸福的定義也不相同，但是一旦堅持了自己的決定後，就要多看所選擇的積極面，堅定地追求屬於自己的幸福。

小提示

對於普通人來說，當我們逐漸老去，各種能力都在退化以後，教育得當的前提下成長的孩子會給予我們更多的幸福和快樂，提高我們晚年生活的品質。沒有孩子的晚年通常是孤獨寂寞，幸福指數不高的。在孩子成長的初期，我們給予孩子，到晚年接受孩子的給予，從而達成主動和被動的平衡。父母對孩子有效付出多少愛，在未來也會從孩子那裡收穫多少愛。

為意外懷孕勇擔責任

很多女孩從小就喜歡抱著洋娃娃來假扮當媽媽，這個對「母親」角色的渴望早已根深蒂固存在女性的內心。長大後，又有多少女人求子若渴，甚至有的家庭因為沒有孩子而分崩離析。孩子，是一個家庭情感的紐帶，更是上天賜予一個家庭快樂和希望的天使。

但是，並不是每個女人都做好了當媽媽的準備，在得知自己懷孕之後，有的人興奮，有的人卻煩惱憂愁，尤其是意外懷孕的孕媽咪們，她們往往在生活突然發生如此巨大的轉折時不知所措，甚至不能接受已經成為事實的事實。看看這位孕媽咪給我的諮商來信：

現在，我的心情非常茫然，因為我在沒有心理準備的情況下懷孕了。剛發現的時候我是準備不要的，我才二十五歲，總覺得自己還小，自己還是個孩子怎麼可能養個孩子，但家人都說既然來了就要了吧，孩子也是有緣分才來的。後來也考慮到個人身體的一些狀況，就無奈接受了這個事實。如今已經懷孕兩個月了，可是我的心情依然無法平靜，情緒起起伏伏，一點都不能控制好自己。感到因為這個孩子的到來打亂了我生活的節奏，感覺很委屈，時不時的眼淚就往下滴。身邊跟我一樣大的朋友沒有一個有寶寶的，我都不願意告訴別人我懷孕的事實，像說不出口一樣。看到別的孕媽咪喜氣洋洋的，我就是高興不起來。

這是一位剛懷孕的媽媽向我訴說的煩惱，她因為「沒有心理準備」而意外懷孕，感覺「自己還是個孩子」而沒有養好孩子的信心，另外，「身邊的朋友都沒有寶寶」讓她覺得自己是個生活的獨行者、冒險家而感到孤單和惶恐，以致於覺得意外來臨的孩子打亂了自己的生活，感到委屈。

孩子的意外來臨讓自己對生活失去了控制感，由於種種原因又不能不接受，但是對於突變的生活如何去適應，這確實需要有一個心理準備的過程。

生活中經常有突發事件發生，意外懷孕只是其中一例，這時，我們往往因為失去了主動控制權而感到慌亂，但是，生活並非事事都被我們所掌控，而且對於來到我們身邊的事情，我們自己往往是始作俑者，既然懷孕是自己行為的結果，那麼，作為成年人就需要對自己的行為負責。

因為和自己年齡相仿的朋友都沒有經歷懷孕這個人生階段，使得這位孕媽咪感覺自己彷彿是個生活的獨行俠和冒險家，沒有可以學習仿照的範本，所以心裡惶恐。生活在人群裡，看上去很安全，但是人云亦云的生活讓我們失去自己的特色。實際上，我們每個人都是獨特的，自己擁有不同於別人的生活，要勇於接受自己的不同。

「自己沒有養好孩子的信心」，這個內在的因素恐怕不僅是這位孕媽咪，也是很多孕媽咪在孕期情緒不安的核心問題。事實上，能不能養好孩子和年齡無關，卻與

「自己是否是個合格的母親」有關，誰都不是天生就會當父母的，如何做好父母，這需要學習。如果身邊的朋友沒有人能提供一個學習的範本也不要緊，可以將目光放到更遠的人身上去學習。教子有方的家長，古今中外比比皆是，我們可以透過現在先進的媒體網路從他們那裡獲得教子的經驗，也可以結識新的朋友來獲取身邊的資訊。

我想，其實這位看似沒有信心的孕媽咪已經開始走上了積極的學習之路，否則，她也不會來諮詢我。這就是良好的開始。

這位孕媽咪不是不能接受懷孕的事實，而是不願意對自己的行為負責，不能接受自己獨特的生活。但是，不論是積極主動地去接受，還是消極被動地接受，無論選擇堅持還是放棄，自己終究要為自己的行為負責；不論願不願意承認，誰的生命都是獨一無二的，每個人終究是自己生命的中心，我們誰都是自己生活中的獨行者和冒險家。

身為孕媽咪，覺得寶寶打亂了妳的生活節奏，感覺委屈？我倒是替妳肚子裡的孩子打抱不平了，本來是妳把孩子帶來的，還把自己對自己生活的不安怪罪在孩子身上，是不是太不公平了？——親愛的各位朋友，你們說呢？

科學研究顯示，孕媽咪的情緒對胎兒影響很大，為了自己和孩子的健康和幸福，積極地順應生活的改變，勇敢地接納這一切吧！

小提示

生活中經常有突發事件發生，意外懷孕只是其中一例。這時，我們往往因為失去了主動控制權而感到慌亂，但是，生活並非事事都被我們所掌控，而且對於來到我們身邊的事情，我們自己往往是始作俑者，既然懷孕是自己行為的結果，那麼，身為成年人就需要對自己的行為負責。

天使到來，為愛放下

雖然，很多女性，尤其是在職場中奮鬥了多年的女性朋友來說，都會面臨一個選擇：不是要孩子而丟掉飯碗，就是要工作而打掉孩子。年紀大了，不要孩子總會被外界所討論，而要孩子，經濟壓力大，奮鬥多年的職位被取代，甚至在社會迅速發展的現在，生完孩子後也有可能很難再從事過去的工作……生孩子讓職場女性付出的不僅是生理劇痛，還有工作升遷和發展的代價。

不過，不論社會如何發展，都是以家庭為單位的，而不是以公司和企業。女性不論在社會上取得的職場成就感多強，內心都會有一個對幸福家庭的渴望。如果放下工作要孩子會對自己有多大影響？人生會有哪些改變呢？下面我就將自己的經歷分享給大家參考。

懷孕的時候其實我並沒有做好準備，當時在職場上身心俱疲，意外的懷孕是我能讓自己停下來的最好的理由。

懷孕意味著我不能再擠那近兩個小時的公車去上班，同時也意味著我們家將失去近三分之二的收入，而那時候，我剛野心勃勃地買了一棟透天厝，以為自己賺的錢會越來越多，肆無忌憚地借了一屁股債。

回歸家庭對於習慣在職場上獲得成就感的我來說一時很難適應，經濟的壓力又像高懸在頭上的一把利劍，時時讓我緊張和焦慮。有一次，我做了一個夢，夢到自己在深山的森林裡遇到一匹凶狠的狼，我一動也不動地盯著牠，而狼也不敢輕舉妄動。空氣冰冷而僵硬，似乎凝固了，我與狼僵持著，對峙著，沒有人能幫助我。父親在遠處的山上，他是不可能來到我身邊的。後來我想，與其讓狼襲擊我，不如主動出擊！我怒目圓睜，表情猙獰，像野獸一樣凶殘地大吼一聲，嘴巴裡發出「爸，快來！」的求救信號，但是我不能讓對手看出一絲的恐懼，一絲懦弱，所以我的聲音是變調的，不知道遠處的父親能否聽到，我對他的幫助只存有微乎其微的幻想。

夢在這個時候停止了，我在咚咚的心跳中醒來，良久不能入夢。開始分析自己的夢：這匹狼，難道不是我現在面對的生活嗎？牠讓我感到恐懼和未知，唯一可能給我支持的是父親，但他的幫助又是那麼遙遠似乎很難獲得。我必須一個人勇敢地面對自己的生活，不管它多麼凶殘又令人恐懼，我都要主動進攻，都要奮力一搏！

於是，我開始著手縮減開支，鼓勵老公承擔責任，自己也一再忍耐住要「幫助」他的衝動，那時我才明白，真正愛一個人，是應該促進他的成長，而不是越俎代庖地包辦他的事情。過去自己總愛為他操心，實際上是自己沒有做好妻子的本分，干涉了不該管的事情。經過角色的轉換，他舒服，自己也輕鬆。

如何做媽媽呢，當我問到自己這個問題的時候，忽然感覺一片迷茫，於是，我開始了大量的學習。當了解到懷孕初期母親的情緒對胎兒的身心健康有著至關重要的影響時，我的內心被重重一擊！這個資訊對我來說有著很大的觸動，體內的母愛開始大於一切，為了我的孩子，我必須放棄焦慮和憂鬱！其他的事情，順其自然，如何便是如何！

我的心，真就放下了。我開始關注一些細節的東西，比如天空的雲、枝頭的鳥，樹下的三葉草……忽然發現，幸福原來就是那些細碎的小感受！晚飯後，也能悠閒地和丈夫散散步，聊一些深入的話題，也和他一起分享各類的電影，增進對彼此的了解。丈夫慢慢理解了我的感受，由被動到主動願意承擔起家庭的重任。

感謝當時腹中的孩子，正是源於對她的愛，我做到了「放下」，學會調整新的生活，否則，可能我還會一直疲於奔命，並且夫妻關係也不會有如此欣喜的轉變。

或者，不妨說孩子對我來說就意味著非凡的愛，是她讓我意識到改變，讓我邁向更幸福的生活。

是她對我的愛，還是我對她的愛讓我學會「放下」，我說不清，只是感到了母女的情緣如此深厚，我要好好珍惜這份緣。

小提示

不過，不論社會如何發展，都是以家庭為單位的，而不是以公司和企業。女性不論在社會上取得的職場成就感多強，內心都會有一個對幸福家庭的渴望。

做母親是一項偉大的事業

身為孕媽咪，面對生活的重大改變，出現不適應的情況，這很正常。從生理方面來講，在孕早期，孕酮（progesterone）和雌激素（estrogen）是調節生殖期的雌性荷爾蒙，它們被認為是孕期情緒多變的部分原因。從心理方面來說，當女人要轉變成媽媽，也要經歷一個巨大的心理變化期，對於未來的諸多焦慮時而會沖淡她們即將成為媽媽的幸福感。例如，有的媽媽開始憂慮夫妻關係會不會受到影響，寶寶是否健康，有了寶寶以後將面臨的經濟問題等等。孕期發生的很小的問題，比如疲勞、頻尿都可能為孕媽咪帶來心理負擔。所有這些擔憂都會令孕期情緒起伏不定。

有的媽媽一方面不能理解自己情緒多變的根源，另一方面對自己的多變的情緒又產生內疚之感，擔心對腹中的胎兒有不好的影響。於是陷在情緒的沼澤中不能自拔。

下面這位孕媽咪對自己心情的敘述很有代表性，來和大家分享一下：

孩子意外的到來，一下子打亂了我生活的步調，幸福和矛盾並存。我擔心事業因此停滯，前途一片渺茫，再加上懷孕讓我變得臃腫難看，怎麼出去見人呢！將來孩子出生了，還要請人來照顧、屋子也會因此變得擁擠、經濟的壓力……都讓我心事重重。老公倒是很樂觀，讓我放寬心，不要想太多，他會努力賺錢，養活這個家，可是現實和理想總是有差距。他心情好的時候，還會寬慰我一下，不高興的時候，就埋怨我事多，胡思亂想。我的情緒波動常常讓他猝不及防，我也不知道，為什麼懷孕後我的改變會這麼多？我也擔心自己的情緒會影響到孩子。

這位孕媽咪的心情，我非常理解，因為過去的我也曾經歷過類似的矛盾與困惑。孩子意外到來，在拒絕和接受兩個選擇上，這位孕媽咪顯然選擇了後者，但同時也對新生活「水土不服」。既然事業、美麗、經濟是很多孕媽咪焦慮的重點，就讓我們逐一來分析。

做母親本身就是一項偉大的事業

不知道大家是否想過，人們追求事業的目的是什麼？最終是為了展現自己的價值？確實，我們透過事業這種載體可以很直觀地感受自己的存在和價值感，而選擇要孩子則意味著我們要放棄這種證明自己價值的主要管道，進而會在某種程度上失去原有的社會身份和地位，這種失去會讓我們焦慮，因為我們的人生詞典裡還沒有其他更重要的事情來取代工作所帶給我們的自我存在感、自我價值感和自我成就感。其實，就在妳為懷孕而產生焦慮的時候，另一種展現我們自我價值感的事情已經發生了，但是妳還不太清楚它的價值所在。難道妳沒有感覺「做媽媽」本身就是一件很偉大的事業嗎？

確實，「做媽媽」這份工作與以往我們在社會上的其他工作不同，沒人發薪水，看似也沒有職位升遷的空間，但是，妳的這份工作關乎著一個生命一生的幸福，關乎著與這個生命連結的其他生命的幸福，至少影響著三代人。試想，如果一位母親很積極正向，她培育出的孩子對這個社會將有著怎樣的影響？她孩子的孩子呢……這種縱向的影響，是透過家族系統代代傳遞的。而一個正能量強的孩子對社會其他相關人的橫向影響也是不可估量的。這樣的價值，豈是我們放棄的那些「事業」所能比擬的？

拿我本人來說，我曾察覺到我對親密有一種本能的抗拒，不太會主動向別人示愛，對於接受別人的親密表達也感覺不太自然。後來追溯原因，小時候母親就非常排斥我對她表達的親密和依戀，而當我把目光聚焦到母親身上，發現她的母親對她也是同樣的模式！由於對愛的理解不同，造成同樣模式的代代相傳，影響著幾代人的親密關係的正常表達。

可以說，一個好母親，相當於一個英雄。但是，這種價值是隱性的，不像外出工作創造的價值那麼顯而易見。

走出「苗條」帶來的狹隘審美觀

說完事業，我們再來說說美麗。懷孕會讓女人變得臃腫，但是卻不見得難看。由於我們的文化過多強調「苗條」之美，這種審美觀使我們對美的鑑賞變得非常狹隘，造成了「非此即彼」的認知偏差。其實懷孕的女人有其獨特的美，此去省略若干描述。當然，取決於妳是否願意去發現，取決於妳是否願意接納現在的自己，取決於妳是否願意放下「只有苗條才是美」的固有觀念，取決於妳是否能看到豐富多彩的美麗。

看問題的角度決定了我們的心態

最後我們來說說經濟的問題。雖然妳們經濟上可能不比從前，但是妳有良好的家庭支持。從積極面向來看，可以有很多好處：鍛鍊你的理財能力；鍛鍊老公對家庭的責任承擔能力；在共同面對困難時，透過相互支持和鼓勵，還能增進夫妻之間的親密感情……如果妳願意放棄消極念頭的話，好處還可以想到更多。在面對一件事情時，看問題時選擇的角度決定了我們的心態，而這個選擇的主動權在妳自己手裡。

小提示

「做媽媽」這份工作與以往我們在社會上的其他工作不同，沒人發薪水，看似也沒有職位升遷的空間，但是，妳的這份工作關乎著一個生命一生的幸福，關乎著與這個生命連結的其他生命的幸福，至少影響著三代人。可以說，一個好母親，相當於一個英雄。但是，這種價值是隱性的，不像外出工作創造的價值是以金錢的形式顯性地表達出來。

懷孕會讓孕媽咪更聰明

「為什麼懷孕後我變笨了呢？頭腦總是不清醒，做事情也總是丟三落四的，不是把菜放進微波爐裡忘記拿出來，就是找不到自己的眼鏡放在了哪裡，工作中也經常出錯。我很擔心自己的智商就此下降，難道真的有一得就會有一失嗎？」說到「孕

傻」，很多孕媽咪們都紛紛表示自己真的頭腦不靈光了，她們擔心將來生了孩子之後，不能像過去一樣聰明了，這種想法真令孕媽咪們感覺沮喪。

俗話講「一孕傻三年」，這是有一定根據的。有研究發現當女性懷孕後的確有可能出現記憶力衰退和認知能力下降等問題，通常我們叫此為「孕傻」或「嬰兒腦(baby brain)」狀態。

健忘，注意力難以集中，疲勞，協調能力降低……這些現象可能與懷孕前後女性體內激素變化、睡眠品質下降及注意力分散等諸多因素有關，並不能簡單地歸責於腦力、智力下降所致。產前產後女性體內雌激素、孕激素等變化很多，這種變化可能導致女性情緒相對低落，嚴重的會有憂鬱表現，對周圍事物的反應遲鈍，一般來說，在產後月經週期恢復後，當激素水準趨向正常時，該現象會逐漸消失。

雖然孕媽咪會出現上述的現象，但是也不要悲觀。現代醫學證明，事實上，做媽媽會讓女性更聰明。

感官能力增強

懷孕後，妳會發現妳的嗅覺在懷孕期間更加敏銳，這會令我們避免食用過期的或者有毒的食物。一些孕媽咪此時出現健忘現象，是因為此時大腦專注於懷孕和分娩，以及如何成為一名母親，那些不太重要的神經元，此時由於不需要而功能萎縮了，對於那些「指甲剪放在哪裡了」這樣的問題，妳自然沒有那麼多的精力去記得那麼清楚。

學習能力增強

懷孕和初為人母的妳，通常可以在積極的情緒下學習到許多新的，具有挑戰性的技能。很多孕媽咪此時開始了教育學、營養學、醫學護理、編織等很多方面的主動學習和鑽研，並樂此不疲。懷孕對學習來說，是一個很好的驅動力。

如果說懷孕後孕媽咪會更聰明，那麼沸沸揚揚的「一孕傻三年」的說法是怎麼來的呢？

大腦對工作重點有了調整

孕媽咪在懷孕期間會經歷一個階段，此期間她們的大腦工作速度比較慢，因為她們需要配合嬰兒的大腦，為自己尋找到一個適中的工作速度。在荷爾蒙的作用下，孕媽咪的大腦運轉放慢可以更有效地與胎兒同步，但這並不是說大腦變得簡單了，只是把工作的重點進行了調整，將重點放在了照顧孩子身上。

心理暗示的結果

研究發現，當孕婦和非孕婦做相同的工作並得出相同的結果時，外界給予的評價卻往往認為孕婦的能力不足，完成的工作不夠好。因此，孕媽咪就會漸漸有了「我不夠好」的心理暗示，於是對自己所做的任何錯誤，即使是很微小的錯誤都變得更加敏感，從而更加強化了這樣的信念。

自我要求過高

現代女性，尤其是職場女性對自己的要求更加嚴格，她們對自己職業生涯的期待更高一些，因此，面對的壓力也就越大，她們對自己的生理變化所帶來的改變越不能接受。

缺少足夠的支持

許多孕媽咪沒能夠從朋友或者家人那裡得到足夠的支持，大家通常不太能理解孕媽咪的那種發現自己什麼也想不起來而產生的恐慌感，而是用負面的「一孕傻三年」來勸慰，使得孕媽咪的自我感覺更加不好。

新媽咪的記憶力受睡眠影響

為什麼說「懷孕笨三年」呢？懷孕時，你要處理嘔吐等其他問題，當孩子出生後，就會更加累人，新手媽媽要面臨晚上每隔兩三個小時就要起床的情況，睡眠和飲食的時間變得支離破碎，有時候洗臉都顧不上。不論是誰，每天睡眠少於五個小時，試試他對其他事物的記憶力如何？

新媽咪的大腦進化得更加聰明

孩子出生後，新媽咪要處理更多的問題，需要增強很多技能以滿足孩子的需求。當她處理多種資訊時，大腦的多個領域同時被啟動了。當有了孩子後，能同時處理多個任務就變得至關重要：一邊餵奶給孩子，一邊將一堆髒衣服丟進洗衣機，另外還要考慮午餐要做些什麼，並在心裡暗暗計算餵奶後午餐前有沒有足夠的時間幫孩子做些輔食……新媽咪的大腦能讓你在長期勞累的狀態下掌握照顧孩子的新任務，即使在熟睡中，也能聽到那最微弱的哭泣聲。所以說，新媽咪的大腦，每天都日理萬機，其實堪比總統的大腦，難道不是嗎？

小提示

孕媽咪在懷孕期間會經歷一個階段，此期間她們的大腦工作速度比較慢，因為她們需要配合嬰兒的大腦，為自己尋找到一個適中的工作速度。在荷爾蒙的作用下，孕媽咪的大腦運轉放慢可以更有效地與胎兒同步，但這並不是說大腦變得簡單了，只是把工作的重點進行了調整，將重點放在了照顧孩子身上。所以，孕媽咪們不要被「孕傻」所嚇倒，這只是一時的。

甩掉孕期的完美主義

對於很多家庭而言，孕育生命只此一次機會，因此，上至爺爺奶奶外公外婆，下至爸爸媽媽會開啟強烈關注模式。孕媽咪們一旦挺起了肚子，昔日的惡婆婆都可以淪為端茶倒水的女傭角色。在如此強烈的關注中，孕媽咪們更加在意肚子裡的小傢伙，尤其是一些喜歡吸收知識的媽媽，博覽群書後儼然成了懷孕專家，可是這些對孕期品質無止境高標準的要求，反而讓孕媽咪們變得更加無所適從，因為頭腦中的資訊太多了，有時候還相互矛盾，所以她們感慨：知道這麼多還不如什麼都不知道的好！

我的大學同學蓉蓉就深陷在這種煩惱裡。懷孕後，蓉蓉的老爸老媽就趕緊住進女兒家，專心照料女兒起居飲食，蓉蓉怕老爸老媽太累又請了一個幫傭來幫忙做家事。蓉蓉信誓旦旦地說不能虧待自己和寶貝，一定要給他最好的一切。可是，懷孕不到兩個月，蓉蓉就憋不住了，神色焦慮地來找我。

「我真的想給寶貝一個完美的孕育過程，但是我卻時常為此而感到壓力。為了食品安全，我只買有機產品，現在感覺到經濟負擔比較大；為了不受汙染，我扔掉房子裡的每一樣化學產品，可是當我到街上，還是會遇到有人抽菸的情況，一遇到這種情況，我就會非常憤怒；我看到書上說，孕婦需要運動，可是運動量到底需要多少才算剛好合適呢？有時候感覺多了，有時候又感覺少了。」

蓉蓉訴說的煩惱反映了她強烈的完美主義傾向。我們了解孕期知識是很有必要的，但是如果瘋狂地追求「完美懷孕」，必然會讓人「壓力山大」。

每個人的心中多多少少都會有一些完美主義的傾向，希望無論做什麼都能夠達到盡善盡美的地步，但是這僅僅是「希望」，並不代表他們會不計一切代價，不考慮實際情況去達成，這種完美是能夠幫助人們把工作做得更好的積極心態。

但是像蓉蓉這樣追求純淨無汙染的家已經讓經濟產生壓力、追求不受汙染的戶外環境連逛街都不能安心、追求運動卻總為是否適量而焦慮，這樣的完美就已經對心理造成了消極的影響。難道要生活在真空中？孩子將來是否也只能生活在真空中？

顯然，這是不切實際的。從食物而言，只要保證不挑食，注意去除農藥的殘留就可以了，但對於孕媽咪長期愛吃的特定食物，就應該更加注重品質一些。主動遠離化學產品、農藥、煙塵和煙霧是有必要的，如果妳用完美主義去要求別人，難免會造成人際關係的障礙。從運動方面來說，只要妳自己感覺合適就可以了，畢竟，每個人的體質不同，不能一概而論，聽從自己身體的感覺才是最適合孕媽咪的運動量。

追求十全十美的孕媽咪因為要求自己所做的每一件事都要完美無缺，從另一個角度而言，即有很強的占有欲、控制欲，具有強迫傾向。在某些事情未完成時，就會產生相當強烈的焦慮感。

力求完美的孕媽咪們，為了能夠掌控即將成為媽媽的這個事實，一定了解了很多孕期的知識，但是，即使妳嚴格遵照每一個建議，事無鉅細地哪怕是做到了最小的細節，妳依然無法控制一切，妳會發現，依然會有這樣的和那樣的問題出現。

在多變的生活中，我們無法真正掌控一切，這是恆久不變的事實。因為我們在過生活的同時，又將遭受外界不斷變化的壓力，所以我們確實需要努力，同時也需要順應自身和環境。放輕鬆吧，凡事物極必反，我們追求的完美永遠得不到，追求的宗旨或許應該是「差不多就行了」，這不是一種敷衍和無奈，而是一種智慧，對自己的一種信任。

小提示

追求十全十美的孕媽咪因為要求自己所做的每一件事都要完美無缺，從另一個角度而言，即有很強的占有欲、控制欲，具有強迫傾向。在某些事情未完成時，就會產生相當強烈的焦慮感。

孕媽咪的魅力無可替代

懷孕後，女人的身形發生了巨大的改變，昔日那些漂亮的衣服全部淘汰，就算遇到自己心儀的衣服，也只能看著自己日漸隆起的肚子望洋興嘆。很多孕媽咪為了方便，把頭髮都剪短了，形象發生了一百八十度的轉變。嘔吐、頻尿、嗜睡等種種不良的孕期反應把有些孕媽咪們折磨得疲憊不堪，於是，形象更加顧及不上。這時候，有些孕媽咪就開始對美麗喪失了自信，尤其是家裡的老公不懂得憐香惜玉，更讓孕媽咪的心情雪上加霜。

有一個孕媽咪寄電子郵件給我，說她最近睡眠品質不好，一夜會醒四五次，都是噩夢惹的禍，夢到老公喜歡上了別的女人，自己也氣得從夢裡醒來。

後來她透過LINE諮詢我，她向我詳細訴說了她的情況。

其實剛懷孕時，我不是這樣的，就在我老公換了一家公司之後，我發現自己的夢境變了。雖然老公平時對我很好，而且也保證不會有這樣的事發生，但我還是擔心。我怕在這美女如雲的企業裡，他經不起誘惑，而且自從懷孕後，臉上長了好多痘痘，臉色也不好看，身體也胖了一些，還不能穿以前的那些漂亮衣服和高跟鞋了，總是擔心生完寶寶後身材不會恢復。特別是懷孕後不再工作，和社會的脫離，讓我變得更加不自信。

老公說要讓我做世界上最幸福的孕婦，可是我只是個白天幸福的孕婦，晚上還是生活在噩夢之中，總是糾纏在他跟「第三者」之間，只要夢到這個我就會大哭，然後大吵一架。

我真怕我這些噩夢會影響寶寶的性格發育，怕他以後也有暴力傾向，真不知道該怎麼辦？

對自己不自信，對老公敏感多疑，這也是孕媽咪容易陷入的情緒沼澤地。日有所思，夜有所夢。要趕走夜間的噩夢還要從白天的「所思」談起。

讓我們一起看看這位孕媽咪的煩惱：懷孕後和社會脫離讓她對工作不再自信，容顏和身材改變讓她對外表不再自信，而老公換到了一家美女如雲的企業則成為了她噩夢的導火線。

從她的描述中可以看出，其實這位孕媽咪至少可以從以下幾個方面來改變自己：

擴展對「美麗」的廣泛接納度

大眾文化對女性的外表美的標準較偏向「苗條」，這使得很多女性對自身「肥胖」非常不能忍受，並擔心失去配偶的欣賞和愛。假設我們生活在唐朝，恐怕都因「肥胖」而沾沾自喜，因「苗條」而焦慮了。這個世界，不同的地區都有不同的審美，人的一生，因為各種原因，我們的容顏和體型也會發生不同的變化，如果我們一直希望自己保持過去不變，那無異於一個三十多歲的少婦不能接受生活帶給她的成熟美，而一味想保持自己十幾歲少女時的青澀美一般，這是一種刻舟求劍的執著。時間不是美麗的敵人，而是美麗的代言人，它讓女人在不同的人生階段展現不同的美麗，誰說老婦人滿臉的皺紋不美？那道道皺紋裡寫滿了屬於她自己的人生故事。如果多關注一些孕媽咪在網路上晒出的大肚照片，這位朋友或許就能體會到屬於「孕媽咪」這個獨特人生階段的獨特之美。對於很多女人來說，這個體驗此生僅此一次，希望各位孕媽咪能珍惜當下，細細體會屬於妳的此刻之美。

每天給自己積極的暗示增強自信

如描述所言，這位孕媽咪的老公其實並沒有什麼不當的行為，只是這位朋友因為自己自卑而疑神疑鬼，夜晚的噩夢都是自己自卑的投射。而加強自信的方法首先從「自愛」開始，每天尋找可以讚美自己的地方來不斷地給自己積極的暗示，如「我今天散步的時間比昨天多了五分鐘，我真勤勞」、「我今天聽了一首新的好音樂陶冶了寶寶的性情，我真是個好媽媽」都可以用來做自我激勵。

透過通訊軟體來分享自己的照片，向外散發積極的能量，能夠吸引更多的親戚朋友和其他孕媽咪朋友來關注自己，平時也可以參加一些育嬰網站的活動，增加一些育兒知識，多為自己補充一些正能量。當老公看到每天過得很享受的自己，自然也會被吸引。只有那些怨婦，不斷地向老公散發負面能量，反而把老公推得越來越遠。因此，想辦法讓自己活得健康快樂是根本。

增加語肢溝通改善精神健康

一個人的精神健康，可以透過溝通方式來測量。一般來說，溝通方式有三種：語肢溝通（利用語言和肢體與其他人溝通）、虛擬溝通（資訊溝通源於自己而終止於自己）和恃物溝通（利用工具進行資訊溝通，如透過書籍、手機、電腦等獲取資訊）。當語肢溝通約占溝通總量的百分之六十、虛擬溝通約占百分之二十、恃物溝通約占百分之二十的時候，人的精神相對健康。

對於那些放棄了工作賦閒在家專門養胎的孕媽咪來說，因為一個人在家，有時候四體不勤，不愛出門運動，很容易造成虛擬溝通值過高，造成精神上不夠健康。閒者易生事，就像這位孕媽咪，對「第三者」的猜測完全是沒有根據的、無中生有的。

改善這種狀況的方式也很簡單，即：多與他人面對面聊天，並且增加一些肢體和恃物上的資訊交流。妳可以在家附近或者網路上尋找其他孕媽咪，多結交一些朋友，也可以和老公有多一點肢體上的接觸（如相互按摩），也可以動手為未來的寶寶布置房間，準備衣物和玩具，讀一些育兒類書籍等，用加強語肢溝通和恃物溝通的溝通值來降低虛擬溝通值，從而改善精神健康，避免過多的胡思亂想來折磨自己和他人。

小提示

人的一生，因為各種原因，我們的容顏和體型也會發生不同的變化，如果我們一直希望自己保持過去不變，那無異於一個三十多歲的少婦不能接受生活帶給她的成熟美，而一味想保持自己十幾歲少女時的青澀美一般，這是一種刻舟求劍的執著。時間不是美麗的敵人，而是美麗的代言人，它讓女人在不同的人生階段展現不同的美麗。而孕媽咪的美麗，是一種獨特的母性的美。

消除不良情緒

很多經歷過妻子孕期的男人都說：「一懷孕，老婆怎麼就變得喜怒無常了呢？上一刻還是『大晴天』，下一刻就開始『下雨了』了。真是捉摸不定！」孕婦喜怒無常的情緒不僅讓男人煩惱，也讓懷孕的女人們經常懊悔。

我明天就懷孕三十週了，近期覺得心情很容易喜怒無常，尤其是對著老公的時候。前一刻還是很高興的，但稍有點不順意就心情低落，鬧脾氣，哭得唏哩嘩啦的。有時還會跟老公賭氣，還把寶貝都利用上了。我知道這樣的情緒會影響到胎兒，可是不發脾氣又怕憋壞自己，發脾氣之後又覺得很對不起寶貝，還沒出生就跟著我受委屈。我痛恨自己是個不負責任的自私媽媽。想到這些又會哭個不停，心情就會再度惡化，一切都在惡性循環。我也不想自己變成這樣，可是卻不知道如何改善。

很多孕媽咪都愛和老公賭氣。其實這是因為在孕期，孕媽咪對老公的依賴性明顯加強，所以這個時期，老公很容易成為孕媽咪的發洩管道。女性在懷孕期間體內激素會有顯著變化，這種變化將使女性比以往更容易感覺焦慮、煩躁或不安。因此，孕媽咪喜怒無常的不良情緒，往往與生理上的這種變化有關。這種生理性變化一般是難以避免的。孕媽咪要做的是，盡量調整自己由生理變化而引起的情緒變化，透過做一些力所能及的事情去分散自己的這種不良情緒。同時，還要盡量避免由外界影響而帶來焦慮的事件，讓自己盡量保持心情平靜，為胎兒營造一個平和的成長空間。

作為孕媽咪，要做到自己身心平和並不容易，但是為了這份「上天賜予的禮物」，明知不可為而為之，是何等勇敢而偉大。在這裡，對於如何消除孕期的不良情緒，我教大家幾個方法。

預先告知

對自己的不良情緒，如果有事先告知他人，他人就會對你多一份寬容，而自己對自己多一份察覺，也就避免了自己將不良情緒轉嫁給他人。「孕期我的情緒波動較大，很容易心情不好哦，你暫時別惹我，否則我可能發洩到你身上。」如果能及時感覺到自己情緒不穩，並預先對他人有這樣一個提示，就等於為爆發的不良情緒安裝了一個「緩衝劑」，自然會降低其產生的不良後果。他人也會對你多一份寬容。當然，這個招數不能頻繁使用。

情境遠離

面對不愉快的人或事，如果妳覺得很難控制自己的情緒，就主動離開這個令人心情糟糕的環境，把不愉快的事情暫時放下。或到外面去散散步，去聽聽小鳥的叫聲，看看美麗的花草，感受一下孩子們稚嫩的童真……總之，在妳無法解決掉麻煩的時候，就用積極快樂的東西去轉移自己的情緒。

寫日記或在網路上發洩

不愉快的情緒積壓在心裡是需要發洩出來的，發洩不良情緒不一定非要將老公當做出氣筒，我們完全可以尋找盡量不傷害他人的表達方式，比如寫日記或者在網路論壇裡宣洩一下。當情緒被宣洩出來，妳身體中的不良情緒就會減少大半甚至完全消失了，自己很快就會回到身心平和的狀態。也避免了對自己身體及腹中胎兒的傷害。

繪畫

當妳感到消極的情緒占主導地位時，妳也可以透過繪畫把這部分情緒表達出來，妳可以利用色彩和線條表達妳的憤怒、憂鬱等，待情緒得到了充分的表達，不良情緒就會漸漸消散。同樣，妳也可以利用繪畫來描繪妳所感受到和想像的美好場景，勾勒出孩子出生後一家人其樂融融的生活。繪畫可以充分擴展妳的想像空間，也可以很好地平復情緒。

聽放鬆的音樂

經常聽聽令人放鬆的音樂可以有效緩解人的不良情緒，例如〈高山流水〉、〈梅花三弄〉、〈阿爾及爾的義大利女郎〉、〈春江花月夜〉等樂曲會令人平靜下來，孕期會有很多空閒時間，大家可以在網路上可以多搜尋一些輕音樂，並選擇適合自己的音樂來聽。不但有利於緩解情緒，還是一個不錯的胎教機會。

做手工

當孕媽咪為未來的孩子準備一些衣物用品的時候，內心很容易被美好的憧憬所填滿，同時看著自己親手製作的小玩意又會產生強烈的成就感，這是非常能補充「正能量」的方式。妳還可以把為孩子準備的東西經常拿出來把玩一下，並想像孩子出生後使用它們時可愛的樣子。在那種情景下，妳一定是一位面露微笑，內心洋溢著幸福的準媽咪。如果妳的內心每天多一份美好積極的東西，那麼消極的情緒就很難有容身之地。

小提示

女性在懷孕期間體內激素會有顯著變化，這種變化將使女性比以往更容易感覺焦慮、煩躁或不安。因此，孕媽咪喜怒無常的不良情緒，往往與生理上的這種變化有關。這種生理性變化一般是難以避免的。孕媽咪要做的是，盡量調整自己由生理變化而引起的情緒變化，透過做一些力所能及的事情去分散自己的這種不良情緒。

遠離過度「關心」

懷孕之後，來自親人、朋友以及同事的關心就會紛至沓來，很多關心讓人感覺

溫暖，而有的「關心」則令人討厭。

有一次，我去看懷孕的閨蜜暖暖，她就和我抱怨了一大堆令人討厭的「關心」。「我懷孕之後，親朋好友和同事都很關心我，但是有些關心真是令人討厭，比如有的人一見面就問我：『又胖了多少呀？』『哎呀，妳怎麼長斑了？』真是哪壺不開提哪壺。更令人生氣的還有對我長吁短嘆的：『妳完了，妳即將踏上不歸之旅，只要一年的折磨，妳很快就會變成黃臉婆了。』我還親耳聽到有人用那種幸災樂禍的口氣對我老公說：『有了孩子，你就別再想出來找兄弟們喝酒了！』或者說：『這下子你們夫妻有得忙了！』當我的肚子大起來的時候，很多人想要摸我的肚子，甚至有的男同事也這樣做，讓我有時候很不舒服，但是感覺人家又是好意，也不好說些什麼。當然，有很多關心都是令人感覺舒服的，可是這些關心真的令人很討厭，但是我又不知道如何擺脫。」

當女性懷孕時，隨著激素的變化，體型也發生了巨大的變化，像暖暖這樣的孕媽咪對此就變得很敏感，尤其聽到別人的批評意見的時候——我們很難保證別人對我們都是良好的祝願。但是，這些言行會讓我們感到尷尬和被孤立。

這些「關心」讓暖暖感覺討厭，是它們觸碰到了她的敏感區，並且這些「關心」

都帶著一定的負面想法，容易讓人產生消極的感受，還有些人的關心帶著很主觀甚至是粗魯的言行，很容易影響孕媽咪的心情。

在這種情況下，如何保證自己的心情不受這些負面因素的干擾呢？讓我們根據情況來逐一分析和制訂行動綱領：

面對令人討厭的問題

體重，對很多女人來說屬於隱私，平時，別人也明白這個道理，一般不會輕易詢問。但是到了孕期，人們似乎就忘記了這個禮貌，人家孕媽咪越想迴避越被追問。如果妳感覺不舒服，不妨可以反問他：「為什麼你對這個問題這麼感興趣呢？」當妳把球踢給他後，就換到對方來接招了。

面對不希望聽到的建議

當別人的懷孕勾起很多過來人的記憶，她們特別喜歡好心給別人建議，例如妳應該要怎麼做，但是有時候孕媽咪會感覺被這些建議所侵犯。對於妳不想接受的建議，妳只要給出一個中性的回應：「嗯，謝謝妳的建議。」就可以了，選擇一個適合自己的方法，自己堅持就行了，也不必和她們解釋自己的看法，去爭辯誰對誰錯。

面對苛刻的觀察

有人可能將妳和自己或者某孕婦的體重、臉色等做對比觀察以及評論，來判斷妳的狀態是好還是壞。要記住：每個人都是有個體差異性的，不要受這樣的言論所干擾。當別人逼問妳要做出一個回答時，妳只需要淡淡地說一句「醫生說我很健康」就夠了。

面對負面消極的資訊

有些人面似好意，但是溝通中向我們傳達的都是負面消極的資訊，這些資訊就像病毒一樣會傳染，關係越近的人受此感染越深，這樣的資訊極大地摧毀了我們對生活和這個世界的熱愛。如果當我們感覺到自己的心情因為聽了某人的話而愈加暗淡，就要提醒自己：這種話語屬於負面消極的，我不能受到此想法的病毒感染！當我們有了覺察，就會有了免疫力，從而避免心靈受到汙染。

小提示

溝通中負面消極的資訊像病毒一樣會傳染，關係越近的人受此感染越深，這樣的資訊極大地摧毀了我們對生活和這個世界的熱愛。如果當我們感覺到自己的心情因為聽了某人的話而愈加暗淡，要有警覺，避免心靈受到汙染。

懷孕的妳過了「心理斷奶期」了嗎？

如今，新時代的女孩們已經成了孕育大軍的主體。但是這一代人基本上都沒怎麼吃過苦，在父母的呵護下長大，雖然結了婚，但是在心理上尚未能適應成人的角色，一旦懷孕，因為內在不夠成熟，外在生存壓力又大，很容易產生各種心理問題。一個名叫「小靈」的孕媽咪就寫了這樣一封郵件給我：

我和婆婆在不同城市，從過年知道懷孕到現在快六個月了，婆婆除了偶爾打電話問問情況，什麼都沒管過。我父母和我住得很近，平時都是他們在照顧我的飲食生活起居。不細想也沒什麼，但有時靜下心來思考，這個孩子三家都有份，為什麼婆婆公公就能如此省心省力？他們不出力，難道也不能出點錢嗎？

老公是普通的員工，就那點死薪水，我月初已經開始休假了，暫時沒有收入。一個人的薪資兩個人花，明顯讓我感覺到手頭有點緊。每次去嬰兒用品店，心裡都不太舒服，難道還要讓我爸媽補貼？其實，公婆家的生活條件不錯，家裡有車有房，我真懷疑我老公是不是他們親生的！他們現在這樣既不出錢，也不出力，真不知道他們怎麼好意思來看這個孫子（孫女）！

如果以後我當了婆婆絕對不會這樣做，辦事這麼小家子氣，讓自己兒子在丈母娘和妻子面前都抬不起頭！婆婆和親媽真的不只差一點點，這樣的婆婆怎麼讓我敬她？這樣的不滿情緒，也讓我時常忍不住向老公爆發。

從小靈的郵件中可以看到，雖然小靈已經成家，並且即將身為人母，但是還沒有真正獨立，還是個依賴父母的小女孩，還沒有做到「真正離家」。

她說「這個孩子三家都有份」，試問：自己夫妻兩個生的孩子，為什麼要讓另外的兩家來承擔呢？並且還是理直氣壯的要求？孩子的責任承擔者，只有小靈和丈夫兩個人而已，又與兩家的長輩有什麼關係呢？

小靈現在一隻腳踏進了自己和老公的家庭，但是另一隻腳還駐留在原生家庭，從她的父母依然照顧他們的生活起居就可以看出這點。這種界限不清的狀態小靈還投射到丈夫身上，覺得他的父母也理應如此，既然不像自己父母那樣「出力」，總該「出點錢」。公婆只是偶爾打電話表示關心，而並無其他表示，這讓小靈內心不能平衡，與其說怨恨他們的「漠不關心」（他們不是一點都沒有表示關心），不如說怨恨他們既不「出力」，又不「出錢」，一點都不「管」小靈夫妻二人。

這種要求是小孩子對父母的要求。小孩子渴望父母無條件呵護著我們，急我們所急，想我們所想。如今在小靈需要照顧的時候，公公婆婆如此的「距離」和「冷漠」讓小靈感到不滿和憤怒，甚至覺得他們不配獲得自己的尊重，也不配將來來看他們的孫子（孫女）。

小靈或許現在還沒有意識到如今自己已經是成年人了，並且已經成立了屬於自己的家庭，這時候該承擔的責任是什麼，看來她還不是很清楚。

對父母的要求可以看出小靈心智的成熟還未能與她的社會年齡相符。當孩子脫離父母長大，與一個男人組成家庭，這就意味著與原生家庭的脫落，從此由夫婦兩個人一起來承擔屬於自己家庭的所有責任。這種脫落，並不意味著情感上不再聯繫，而是自己生活的責任應該由自己來承擔，從此不再依賴父母。

很多西方國家，孩子在十八歲就已經獨立，以父母給予自己經濟支持為恥，當然，這樣的社會文化有自己的經濟及歷史原因。亞洲社會的親子依賴關係比較緊密，這使得很多父母在孩子成年後，甚至結婚多年後都在為孩子提供各種支持，這一定程度上促進了孩子的依賴和不肯「心理斷奶」的局面。

父母給了我們生命，又提供我們成長所需要的物質和精神資源，他們給予我們的已經足夠了。作為一個與父母已經分離的成年人，如果父母不再給予，那是理所當然，如果父母願意給予，那都是超越了他們自身職責之外的部分。總不能要求一個退休的老人還像一個年輕人一樣去上班吧？長輩想休息，那是他本應該做的，如果他們想怎麼樣做，那也是他們自己的事情，我們無權干預，又怎能要求？

如果需要父母的說明，完全可以提出這樣的請求，但是，一定要知道，這是成年人之間的互助關係，而不是「應該」的關係。長輩有權利拒絕的。已經成年的你可以向父母借錢，但是沒有資格向父母要錢。

小靈與婆婆本身不在同一個城市，自己的窘境公婆是否了解？是否有向他們求助過呢？如果自己不曾表達，他們怎知道小靈需要什麼？難道要像一個媽媽對待子宮裡的胎兒一樣，自動自發地供給營養嗎？

小靈本身即將當母親，但是，當母親之前，需要在心理上和自己的父母「斷奶」，否則，一個還在依賴父母的女孩怎麼去照顧另一個孩子呢？那樣的母愛是虛弱而不堅實的。

小提示

當孩子脫離父母長大，與一個男人組成家庭，這就意味著與原生家庭的脫落，從此由夫婦兩個人一起來承擔屬於自己家庭的所有責任。這種脫落，並不意味著情感上不再聯繫，而是自己生活的責任應該由自己來承擔，從此不再依賴父母。

孕期失眠有絕招

據某一親子網站對一百名孕媽咪調查的結果顯示，嗜睡的人占三十九人；淺眠的人占三十七人；晝夜顛倒的人占六人；沒什麼變化的人占三人。調查結果顯示：大多數人懷孕後睡眠品質發生了變化。

睡眠對健康有著直接的影響，這是人所共知的一個事實。可是很多孕媽咪都有失眠的困擾。懷孕後由於內分泌的變化，興奮、焦慮、頻尿、胎寶寶在肚子裡動來動去、腿抽筋、左側睡等等原因都會干擾準媽媽的睡眠，讓孕媽咪難以一覺到天亮。

有個朋友在網路上留言給我，訴說了失眠的煩惱：

在懷孕初期，我也像很多孕媽咪一樣容易打瞌睡，睡覺是一件非常享受的事情。可是到了孕中期，我竟然開始失眠了，晚上半夜醒來就怎麼也睡不著，有時候勉強睡著了，睡眠品質也不是很好，總是做噩夢。我很擔心睡眠不好會影響肚子裡孩子的生長和發育。我該怎麼做才能有一個優質的睡眠來保證寶寶的健康？

因為她給我的資訊有限，做為心理諮商師，我首先需要和這位朋友確認的是：是否請教過醫生，排查過生理上的原因？當確認了生理上一切都OK，就要一步步去分析和給出一些解決方案了。下面，我就和大家分享一下我對她進行心理諮商的思路：

現在需要進一步了解的是：在孕中期開始失眠前，生活中是否發生了一些重要的事情？一般來說，如果我們的身體和情緒發生了一些轉折性質的改變，我們可能是受到了生活中一些重要的事情的影響。而這些影響會透過讓人失眠的方式來提醒妳要去面對一些妳不願面對的事物，催促妳需要做出一些改變。

另外，我還想了解的是：妳的夢都是什麼樣的夢？是否在夢境上有相似的情景頻繁出現？或者雖然夢境不同，但是都有類似的情緒感受？從夢上去了解我們的內心，也是一個很好的管道。整理好自己的夢，也是處理失眠的一個很好的方法。夢中的情緒和感受，很可能是妳現實生活的一種暗喻，夢是讓我們連接內心的一個橋梁。如果妳是這種情況，就要聯繫自己的現實生活去想一想，到底什麼事件或者壓力與此相關？

所謂日有所思，夜有所夢，夢境在一定程度上是我們現實生活的反映。如果我們白天不愉快，難免睡眠要受牽連。那麼，如何透過控制夢境來改善睡眠品質，並且對我們現實的生活有好處呢？

透過控制夢境來改善睡眠品質

每天早晨記錄前一晚上的夢，不愉快或者不完整的夢，能和家人分享最好。在第二天晚上臨睡前，在頭腦裡回憶一下前一晚的夢境，命令頭腦繼續前一天的夢，直到夢中的問題得到解決。

如果做的是噩夢，當我們被嚇醒時，先理智思考一下如何應對夢中的情景，解決的方法當然可以虛擬。有了策略之後再入睡，我們便會更加有勇氣和智慧面對噩夢中可怕的一切，從而扭轉夢境。

「吹氣球」的方法來減輕壓力性質的失眠

如果妳的精神狀態過度緊張、情緒不穩定就可能造成壓力性質的失眠。對於這種失眠，一定要先解壓。我們可以想像用力吹一個氣球，把壓力和負面情緒都吹出來，最後用力呼氣，把那個氣球吹向空中。不可思議的是，妳會發現頭腦立刻變得清醒而理智了。

增加人際交往抵抗憂鬱性質失眠

憂鬱性質的失眠表現為表情冷漠、不願意與人交往，缺乏自信，經常夜裡兩三點醒後難以入睡，心緒繁雜，第二天醒來後有頭暈等身體不適症狀。這類人都比較內向，有什麼問題喜歡自己扛著，結果鑽牛角尖，容易產生低落、憂鬱的情緒。改善此類失眠的方法應多加強人際交往，多參加集體活動。

借助讓自己放鬆的外物來提高睡眠品質

除了以上所述，妳還需要借助一些方法讓自己入睡。睡前喝一杯牛奶，泡個熱水澡，或者播放網路上的催眠音樂來進行催眠，從頭到腳，逐一放鬆，之後便會進入睡眠狀態。

食療方法來改善失眠

在人們越來越崇尚自然療法的今天，治療失眠也要從食療著手。這種方法成本低，沒有副作用，人們在享受美食的過程中就可以解決失眠問題，何樂而不為呢？小米、蓮子、百合、黃花菜這些超市裡常見的食物對改善失眠都有很好的效果，香蕉、蘋果、葡萄、烏梅、桂圓等水果，也都具有安神的效果，都可以作為改善失眠的食療方案。

小提示

從夢上去了解我們的內心，也是一個很好的管道。整理好自己的夢，也是處理失眠的一個很好的方法。夢中的情緒和感受，很可能是妳現實生活的一種暗喻，夢是讓我們連接內心的一個橋梁。

挖掘高齡產婦的獨特優勢

自從得知我樂於幫助別人解決心理問題後，很多朋友在生活中遇到了問題都喜歡和我分享。有一天，我以前的一位很強勢的女主管竟然也找到我，希望我幫她疏解心扉。

懷孕的女主管一反過去咄咄逼人的女強人的樣子，內心的母性讓她變得柔軟下來。懷孕帶給女人的轉變讓我非常吃驚。

原來，她其實在二十多歲剛結婚的時候就懷孕過，可是那時候因為事業才剛起步，家裡的房子不大，只有一居室，自己覺得還沒有條件要孩子，於是選擇了流產。後來事業越做越大，房子也由一居室換成了三居室，可是她卻一直沒有懷孕，這讓她和老公都很著急。去醫院檢查身體，也都沒有問題，醫生說工作壓力太大可能也會造成精神緊張而影響懷孕。後來她狠心放下了經營多年的事業，放鬆自己，終於在三十七歲這一年懷孕了。可是她覺得自己已經是高齡產婦，總擔心孩子會不會畸形，身體會不會不強壯，自己會不會保不住這個孩子，雖然到醫院檢查後各項指標暫時都沒問題，可是她就是很擔心，精神也總是很緊張。

「我知道這樣對孩子不好，可是我卻不能放鬆下來，畢竟我是高齡產婦啊！」過去的女強人終於露出了自己脆弱的一面。在她的聲音和表情裡，我確實感受到她非常緊張和焦慮。

由於媒體資訊的發達，孕媽咪們查閱資料是非常方便的。於是，有些高齡孕媽咪會被那些負面資訊所嚇到，因為「胎兒可能早產」、「妊娠高血壓和妊娠糖尿病的發病機率增加」、「流產機率提高」和「卵子品質下降導致胎兒不健康」等因素而恐懼不安。而精神越緊張，反而對胎兒更不利，以上的風險指數就越高，這是有些高齡產婦總是會擔心的問題。

高齡產婦在身體上確實不如在生育黃金期的女性更有優勢。但是，如果眼光總放在自己不利的方面，心情自然會被負面情緒籠罩。其實，高齡孕媽咪有自己獨特的優勢。

高齡孕媽咪擁有成熟和智慧

三十多歲的孕媽咪相較於二十多歲的孕媽咪來說，雖然在生理上相對來說不占優勢，但是她們的思考更加縝密，像我的這位同事一樣，很多高齡孕媽咪已經在物質上累積了很多財富，在工作和事業上也經歷過一些風浪，在經濟基礎和家庭關係方面都已經做好了充分的準備，經過這樣錘鍊的女人情緒上也會更加穩定。並且，這個年齡的女人，性格裡面已經多了「寬容」，因為已經經歷了生活上的很多問題，因此更容易將一些事情看開，寬容別人也寬容自己，對人性的缺陷擁有更多的包容和理解。這些心理因素會幫助高齡孕媽咪們比較從容地度過孕期和養育孩子的過程。

這個階段的孕媽咪的家庭更加穩定

穩定的家庭是一個孕期女人最好的精神基礎。二十幾歲的婚姻可能是一時興起，雖然彼此有感情，但是沒有經歷過相處的磨合，感情總會缺少一份穩定感，也少了一些對家庭負責的自覺性。但是，三十多歲的孕媽咪們，大多已經經歷了婚後的磨合期，在心性和感情上基本處於穩定的狀態，這樣的家庭情況更適合孩子的到來。而這時候的父母，都會願意承擔更多的家庭責任。

對於高齡孕媽咪來說，除了要看到自己的優勢以外，還要針對自己的焦慮有更深一層的覺察：醫生已經認為妳的身體指標完全沒有問題了，為何妳還是如此焦慮？是不是妳的焦慮背後有更深的恐懼？找到這個恐懼的源頭，去面對它，想好如何去處理這個恐懼，恐怕是根本原因。如果妳自己搞不定，可以去尋求專業心理諮商師的指導。

小提示

很多高齡孕媽咪已經在物質上累積了很多財富，在工作和事業上也經歷過一些風浪，在經濟基礎和家庭關係方面都已經做好了充分的準備，這樣經過錘鍊的女人情緒上也會更加穩定。並且，這個年齡的女人性格裡面已經多了「寬容」，因為已經經歷了生活上的很多問題，因此更容易將一些事情看開，對人性的缺陷擁有更多的包容和理解。這些心理因素會幫助高齡孕媽咪們比較從容地度過孕期和養育孩子的過程。

附錄1・準爸爸的「孕期經驗談」

要說起現代社會的模範丈夫，那真的比比皆是！在和許多準父母們接觸時，這些準爸爸談起自己的生活經驗真是滔滔不絕。你看，優秀的準爸爸們正迫不及待地要和更多的準爸爸們分享呢！

把老婆當成孩子

我老婆過去是一家房地產公司的副總，算是一個女強人，也是在職場上叱吒風雲的人物，而我只是網路公司裡的一名的普通員工，說實話，過去我在她面前強勢不起來。但是，老婆一懷孕情況就改變了，因為孕吐得很嚴重，老婆沒辦法只好辭職回家了，這下她終於回歸了「小鳥依人」的本性，過去就算性格很強勢，就算從很多朋友那裡也取了不少經，但是畢竟懷孕生孩子是人生頭一遭，我看她還是有點戰戰兢兢的。這時候我在家庭中的地位開始凸顯，我要為老婆撐起一片天了！

一懷孕，老婆變得很敏感，需要我多加關心，但是我不會無原則遷就她。我也讀過一些關於男女思維不同的書，我了解到女人更需要的是男人的溫柔，我會經常提醒她別著涼，或者幫她蓋蓋被子，為肚子裡的寶貝讀一些童話故事是我們全家最溫馨的時刻，我能看得出老婆很滿足很享受。其實只要這些小細節就能讓老婆非常開心了！

——準爸爸亞龍

陪伴，比什麼都重要

其實我挺理解老婆有時候的無理取鬧的：一個人不上班，去哪裡都不方便，也沒什麼人能說話，身體又總不舒服，心理和生理都需要支援。這時候，她對我的依賴就變得更強了。這很容易理解，過去她有什麼事情，可以和同事們說說，可以去唱歌宣洩情緒，可以去逛街取樂，可去各種地方娛樂消遣等等，可是現在供她娛樂的管道很多都去不了了，她當然更需要我。

我發現過去她沒懷孕的時候，我下班後和同事們出去吃吃飯，唱唱歌她都覺得沒什麼關係，可是自從懷孕，我只要晚點下班，她便不高興，她需要我為她營造一個安全舒適的懷孕環境，我也不想老婆不開心影響到肚子裡的寶寶，於是我盡量早點回家，一些應酬在此期間能推的全都推掉。經常還會在下班時帶一些禮物回去給老婆驚喜，有時候準備一些笑話在下班後講給她聽。我覺得，在懷孕期間，丈夫的陪伴比什麼都重要。

——準爸爸小謝

對老婆多一些觸覺的接觸

我曾經上過一些關於如何促進親密關係的課程，其中提到「適當的觸覺接觸會大大促進親密關係」使我受到很大的啟發。確實，我們東方人不像西方人有那麼多的觸覺接觸，這使我們的親密關係的品質大大降低，要讓我們大家更加親密幸福，適當的觸覺接觸是非常有必要的。

每天上班前和下班後，我都會抱抱小靈，親親她的臉，逛街的時候我會攬著她的腰，她煩惱的時候我會用手揉開她眉間的「川」字……感謝親密課程，讓我學會了用最簡單的方法照顧別人，孕期的小靈很幸福，我自己也很幸福。

——準爸爸亞洲

孕媽準爸一起上課

作為新一代的父母，我覺得有學習的意識是很重要的。在我家濛濛懷孕後，我特意尋找了一個講孕期心理以及分娩等問題的孕期課程和濛濛一起去進修。在上課的時候，我和濛濛的很多困惑都得到了解答，讓我們對孕期以及將來分娩，甚至產後的情緒以及身體調節，都有了一定的掌握，這不僅增加了我們的自信，還大大促進了我們夫妻之間的情感。我覺得，再也沒有比夫妻兩個人一起學習更有意義的事情了！因為這樣我們會有更多的交流和分享。如果其他準父母也要去上課，可以留意專業的醫院或診所可能會有相關的課程，為了讓孕媽更放心，我們最好先對講師有一定的了解，比如是否她自己有分娩經驗，是否存在偏見，課程人數是否能控制。最好上那種小班制的課程，這樣比較方便針對每個人的獨特性去解決問題。

——準爸爸小貝

小提示

夫妻兩個人能有機會一起上課學習如何當準父母是非常明智的選擇。當我們對初當父母有了了解之後，能更好地進行溝通和交流，並更加從容地應對未來的生活，為美滿的家庭生活提供保障。

附錄2．準爸爸要避免的「雷區」

別說你是第一次當爸爸沒經驗，就算你不是準爸爸，你能保證自己哪句話不會踩到妻子的雷區?男人和女人的思考方式本來就不一樣，尤其是對懷孕的妻子而

言，她們的情緒以及語言的雷區是具有規律性的。聰明的準爸爸需要了解這個階段妻子的特殊性，別傻傻地當了炮灰還不知道。

孕媽咪們湊到一起最願意聊聊自己的老公了。其中大家公認的最氣人的是老公說以下這些話，當然，孕媽咪們自己也為準爸爸們提供了更好的溝通方法，準爸爸們一定要學著點啊！

妳好像更胖了，臉上的斑又多了……

我本來就為我的身材和臉上長的妊娠斑而感到自卑呢，我老公有一天盯著我看了一下子竟然說出這樣的話來！女人辛苦為你養育後代，不惜遭受身材走樣和容貌損毀的代價，他竟然在那裡說風涼話！我都懷疑他的心智是否有到了該當爸爸的年齡！就算我是這樣，有必要這麼誠實地說出來嗎？有必要嗎？就算你描述的是客觀事實，可是說出來多讓人不舒服啊！

如果他細心，就知道我一直為身材和臉上的斑點而煩惱，如果他能體貼地說：「老婆，我發現那些生過孩子的女人更有風韻，更有女人味……妳本來底子就好，當了媽媽後就會更有韻味了……」那我該多高興啊……可惜啊！現在知道找個會聊天的老公是多麼重要了。

——小草　懷孕七個月

女人們生孩子是古往今來常見的現象，妳怎麼那麼嬌氣啊……

生孩子在他看來像吃飯一樣稀鬆平常！那可是女人們在鬼門關前走一遭！說這種話別說不夠尊重我，也太不尊重女性了！聽他的這句話我立刻火都上來了，可是他說他只是想鼓勵我，說別人能戰勝困難我也能戰勝，說我這個新時代的女性會比過去的女人抗壓性更強。大家聽聽看，有像他這樣鼓勵人的嗎？

如果他能分清楚什麼是鼓勵，什麼是貶低，就應該這樣說：「當媽媽是女人一生中的重要體驗，我們一起來好好珍惜。有什麼困難，我會一直和妳在一起的。」

——成華　懷孕六個月

就算懷孕了，不能做些家事嗎？

我做的家事你都沒看見啊，沒做的倒是看得清清楚楚！你知道肚子裡有個大鉛球做事情有多不方便嗎？就算你工作很辛苦，回到家想看到乾乾淨淨的家，可是我懷孕也很辛苦啊，我的苦要和誰說啊？

假如他說，哪怕是假惺惺地說：「我們家不乾淨是會影響妳的心情的，我也沒太多時間，要不然週末請個居家清潔打掃一下吧。」那我一定會投之以桃，報之以李，一邊感激他的體貼，一邊自己高高興興地去打掃家裡。

——小櫻　懷孕八個月

我晚上需要去女同事（之類的異性關係）那裡幫個忙

我過去要是聽到這種話，還不會太生氣，甚至根本不在意。可是懷孕時聽到這句話怎麼感覺就那麼不舒服呢！總感覺老公和異性要搞曖昧……也許這時候我變得敏感了。

如果老公這樣說：「我已經答應人家了，不好推辭。但是我已經強調老婆懷孕了，等我幫忙完，立刻回來陪妳。」我希望他能讓所有的異性都知道他老婆懷孕了，這才能確保我的地位，也能讓那些想入非非的女人們適可而止。他越在其他異性面前強調我，我就越有安全感。

——艾艾　懷孕七個月

我好累，我很煩

一個人孤單了一天，晚上終於等到老公回家，沒想到他面對我的小要求小浪漫小撒嬌竟然來了這麼當頭一棒！你一次兩次，我還能心疼你，可是你總是累啊煩啊的，我還指望你回家能為我帶來快樂，再累再煩，你能和我比嗎？怎麼說你都還有公司裡的同事可以說說話，我卻一個人在家，一待就是好幾個月，我的煩我的累要和誰說？是，家是你避風的港灣，可是你不知道我正需要你做港灣嗎？

如果你會說點好聽話，我也不會這麼動氣，你只要能站在我的角度來考慮一下：「老婆，最近我工作很忙，顧不上更好地照顧妳，等這段時間忙完，一定好好陪妳！」如果這樣說，我還能生氣嗎？

——風鈴　懷孕四個月

我要和兄弟們去喝酒

我最討厭老公在我懷孕的時候應酬不斷，尤其是那些可去可不去的應酬。要是因為工作需要，我也就忍了，可是平時還是玩心不改，整天呼朋喚友的，難道不懂得為孩子的未來考慮一下嗎？而且明明知道我的身體不方便出去，還把我一個人孤零零地留在家裡，他自己去玩樂，實在是太自私了！他一出去和朋友喝酒，我就感覺自己在他心中的分量沒有那群狐朋狗友重要，一把火就冒上來了！

如果非要出去，會說點好聽話也至少能讓我不生氣，假如他說：「老婆，我也很想陪妳，可是曾經幫助我的某個朋友因為某某事情要我去聚會。我一定會早點回來陪妳。」這樣，我也不會太干涉他了。

——小倩 懷孕五個月

小提示

生活中會遇到的情況還有很多，孕媽咪們的怨言數不勝數，為了讓老婆的肝火不上升，你一定要小心翼翼地呵護她那不勝荷爾蒙擾動的小暴脾氣。記住，她好，孩子才好，你才好。她好，大家才好！

第二章：孕期關係你我他

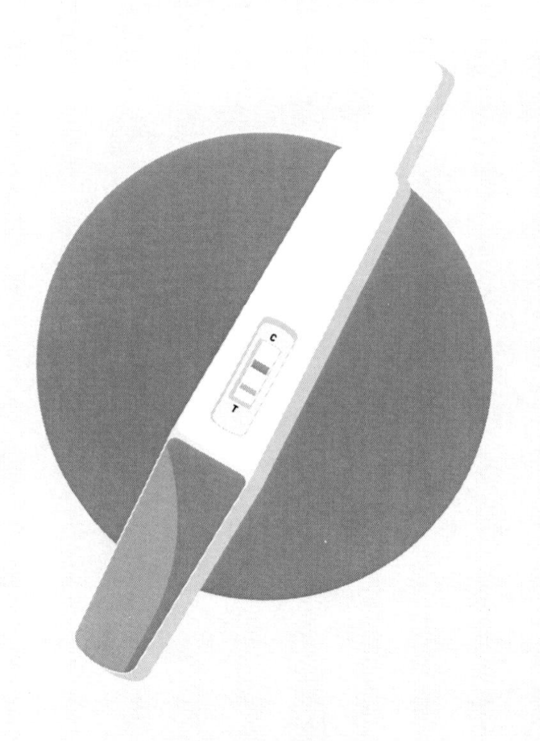

積極調整與婆家人的情感距離

要說起來，家家都有一本難念的經。就拿懷孕來說，有的孕媽咪因為婆家人不重視自己的懷孕而傷心，還有的因為婆家人太熱心關懷自己而煩惱。媳婦與婆家的情感距離，真的是遠了不是，近了也不是，到底該有個怎樣的距離才合適呢？有個叫冬冬的朋友寫郵件給我來傾訴她的煩惱：

這一週已經是三十二週了，眼看著就要到預產期了，可到現在我還在為坐月子、房子的事情煩惱。

自從知道懷孕開始，我就跟老公商量請個月嫂，因為我娘家來不了人，公婆倒是能來，可是我怕他們三十多年沒顧孩子，舊時的觀念肯定很多，到時候再鬧矛盾也不好。誰知老公一口拒絕，理由是怕傷他父母的心，會覺得我們不信任他們。難道我自己花錢，不讓他們勞累，還會傷害感情？

上週得知婆婆因為心臟病在老家住院了，我就想，她在自己家做一點輕鬆的家事都能犯病去住院，怎麼可能照顧我的月子還有新生兒。婆婆委託老公的阿姨先來照顧我，可是阿姨身體也不是很好，萬一到時候累倒了怎麼辦？於是再跟老公提起請月嫂的事，他這次終於鬆口了。可是都到了孕晚期，再去找合適的月嫂就太被動了，好月嫂都是早早就要預訂好的。

我還想再租一個房子，給他們家人住，或者我們出去住。我家現在的房子才二十幾坪，長期以來，婆婆和阿姨一年之中就有半年在我們家裡住，長輩的習慣，不肯扔東西，還總從外面或者老家拿東西過來，我家的東西都放不下了。以前就提過這件事，我老公很不樂意，又是害怕傷害他們家人的感情。

孕期都到了這個時候，這些事情應該都要提前考慮好、安排好，還一定要讓我這麼操心又委屈。他們家人的感情就這麼重要，我跟孩子就這麼不值得被重視嗎？

從冬冬的敘述中可以看出，她表面為坐月子和房子的事情煩惱，實際上是為如何與丈夫的家人相處而感到焦慮。

首先她希望是月嫂而不是公婆過來照顧孩子，因為月嫂是自己花錢請來的，可以在育兒理念上要求她服從自己的意願，可是對公婆卻無法做到這樣的要求，處理不好還會因此產生家庭矛盾。

如果公婆非常願意主動來照顧晚輩，那是他們有一腔爺爺奶奶之愛需要有宣洩的出口，如果拒絕接受他們的愛，阻止了他們愛的付出，讓他們這種付出的需求受挫，當然會傷害他們的感情了。我想冬冬的老公更多是顧及長輩的這種心理感受。在這個層面上，小輩接受就是對長輩最好的給予，而拒絕，實際上是對長輩最大的吝嗇。因此，即使冬冬花錢請月嫂，不讓公婆受這份「累」，也會傷害感情。因為她沒有滿足公婆對於付出愛的需求。

鑑於長輩的身體狀況，冬冬的擔心也是可以理解的，但是看到夫家鍥而不捨地又委託阿姨來照顧冬冬，而她已經開始考慮房子的問題，心知大局已定，冬冬其實已經接受了這個現實。

對於一起居住的問題，從長遠看，我比較贊同冬冬的說法，就是分開住，因為老人和年輕人在生活習慣、作息規律等方面有很大的不同，彼此分開，不僅能相互照應，還能有個自由的空間，誰都不需要在彼此帶有評判的目光下生活。

但是，對於一直未曾一起生活過，沒有足夠情感基礎的婆家人來說，如果剛與媳婦接觸之初還未曾「親近」就面臨「被分離」，這未免有些唐突。這種距離，對媳婦來說，可能是一種避免家庭矛盾的安全距離，可是對婆家人來說，是一開始就擺在他們面前而無法逾越的情感距離。因此，冬冬的老公擔心這樣做會傷害感情也是有道理的。如果冬冬一開始是接納的態度，後面再慢慢「分離」，我想這是一種比較合適的方法。

從冬冬的郵件中我可以感受到，冬冬對如何處理婆家人的關係存在著很多的擔心和恐懼，並且採取迴避的態度，而她老公可能未能體察到這麼深，他一直在促進冬冬和他家人的關係朝更親近的方向發展，這裡面暗含了他對父母「渴望付出愛」的需求的積極回應（或許表面上還要做出需要父母前來的低姿態），也是傳統文化中向父母盡「孝道」的一種展現。冬冬他們夫妻之間的矛盾之處在於此，他們相互之間未曾深入地溝通——冬冬的老公不了解她的恐懼，冬冬也不了解他的這種「孝順」，因此，冬冬才與婆家人做比較，對老公忽略自己的感受而憤怒。

對於很多新家庭來說，有了孩子後，家庭結構將變得複雜，雙方的父母很難避免進入新家庭來共同參與生活。

就算有些朋友心裡想當全職媽媽，但是家庭經濟需要維持，有時候不得不出去工作，那麼，孩子誰來照顧？並不是所有的家庭都有能力請得起保姆，沒有保姆的話，孩子誰來照顧？更多時候，是我們需要父母前來幫忙。

有些新手媽媽更喜歡在工作中展現自己的價值，本身並不喜歡留在家裡照顧孩子，她們覺得照顧孩子的生活枯燥而無聊，體會不到價值感，如果老公對此也秉承同一信念，會更加促使新手媽媽返回職場，那麼，孩子誰來照顧？

還有一些晉升為奶奶的上一代女人，她們將畢生的精力都放在了家庭上，尤其是親子關係上，當孩子獨立飛出原生家庭的巢，她們深感失落和無價值，如今孩子有了下一代，正是她們延續親情，找回價值感的契機，因此，她們也會樂於去到孩子的家庭來貢獻「幫助」。

另外，東方的親子關係與西方不同，在西方某些國家，孩子從原生家庭中獨立出去以後，生養孩子是自己的事情，與父母無關。而東方的親子關係比較「黏」，還有「血脈傳承」的宗族觀念，有些爺爺奶奶認為自己的孫子理所當然是自己要帶，怎麼可以是別人來帶呢？這是他們義不容辭而又非常高興做的事情，甚至有的爺爺奶奶對外公外婆帶自己的孫子都深懷嫉妒，擔心孫子未來和自己不親近。

以上所指的是一部分家庭的情況，雖然不能代表全部，但是，也有一定的普遍性。既然有很多因素制約，使得我們不得不面對家庭重組的事實，那麼，我們就不要逃避，而是採取積極應對的態度才是上策。否則，擔心的都會變成事實。

傳統觀念中，作為一個新人要融入到一個陌生的家庭環境中，需要有與別人都能合得來的智慧，這需要我們做好更多的女性角色，不僅是妻子，還有兒媳、母親等，我們不僅是嫁給了一個男人，更是嫁給了他的家庭和家族，如果沒有這樣的觀念和準備，未來就很難協調家庭矛盾。

小提示

如果公婆非常願意主動來照顧晚輩，那是他們有一腔爺爺奶奶之愛需要有宣洩的出口，如果拒絕接受他們的愛，阻止了他們愛的付出，讓他們這種付出的需求受挫，當然會傷害他們的感情了。

不必做母女，做好婆媳就好

婆媳兩個人親如母女，這是很多媳婦和婆婆的願望，這樣的結果是婆媳二人相處多年而成。如果剛成為婆媳，就希望能像母女一般親密，這是不可能的。可是我們有些朋友就會身陷於這種美好的幻想裡，我們先看看這一位叫小雲的朋友的來信：

我和公婆住在同一個社區裡，但是他們有自己的房子，平時我和老公工作很忙，只有週末會去吃個飯，我和婆婆的接觸也不多。現在我懷孕了，婆婆主動提出到我家來做飯，一開始我覺得挺幸福的，覺得我和婆婆可以相處得和母女一樣好，但是很快我就發現了婆媳之間的矛盾重重。

我一直喜歡漂亮，懷孕後這個權利也不能打折。有一天我正在試穿剛買的孕婦裝的時候，婆婆來了。我還很高興地把新衣服給她看，誰知道她的臉色突然變得很難看：「懷孕的時候，有兩套衣服換著穿就差不多了，幹嘛買那麼多。我年輕的時候就穿孩子他爸的衣服，不是也過得下去嗎？」我簡直沒辦法和她解釋，她不能像要求過去的婦女一樣：有得吃，有得穿就行了。誰知道婆婆後來又找到老公，要他管著我一點！

有一次，我和老公因為家事吵了起來，我氣得太陽穴突突地跳，肚子也感覺好難受。這時候婆婆來我家，我想婆婆平時很疼我，我就和婆婆數落了一頓老公的不是，本以為她會主持公道，可是她竟然罵我：「大慶（我老公的小名）上班已經很累了，回家就讓他休息休息。妳雖然懷孕了，但是做點家事也累不著。妳能做就做一點，何必和他吵架呢？」

天啊，原來她平時心疼我，全都是假的！

當人與人之間有一定的距離，涉及不到太多對方的生活，就不會產生矛盾。當婆媳真正共處在一個屋簷下的時候，彼此的價值觀碰撞，就難免出現衝突和矛盾。我們與任何一個人由陌生到緊密地生活在一起，都會有這樣的一個過程。

媳婦是由另外一個母親養大的，在另一個家庭中成長的，不像是婆婆的女兒，親疏不同，習性更是相異，作為一個外來者進入老公的家庭中，婆婆怎麼可能把媳婦當成女兒一樣看待呢？

初期的婆媳關係本來粗淺，行為上卻要求表現親暱與熟悉，不僅會覺得自己虛偽做作，親密的舉動也會變成討好，有時候可能還因為不熟悉而表錯情、會錯意，表面上笑笑說沒關係，心底卻因陌生可能產生誤會與猜忌。

因為相互不了解，所以婆媳之間對彼此的觀感是失焦的，看過來看過去都是模糊不清，視線模糊之下，應對之間也就模糊，甚至發生誤會。

如果剛成為婆媳就想成為多年生活在一起的母女（很多母女關係還是既愛又恨的呢）一般情深，覺得婆婆會像媽媽一樣無條件地接納妳，站在妳這一邊，這樣的假設本身就很脆弱，最後造成自己失望的結果也就在所難免了。

只有慢慢在溝通互動中，帶著善意逐步了解對方，才能真正親如家人。婆媳如母女，那可是多年功力的結果。

婆媳之間溝通上存在的最大問題就是既沒話講又不投機。這是因為兩代女人的生命歷程差距太大，對生活所重視的部分沒有太多的交集。要避免因溝通而產生的婆媳問題，作為媳婦要讓自己回歸溝通者的角色，主動掌握與婆婆的互動，有任何意見都要說清楚講明白，在表達自己的意見的同時，也表達出替其他人設想周到的想法，將自己想要的結果修飾過再說出來。

婆媳要真正親近，在於理解彼此的程度，因了解而彼此真心喜歡，逐漸產生包容與關懷（也有可能因了解而厭惡與排斥，但是其中被認定的了解，其實還是有誤解存在，因為早期的誤解，導致往後的善意都被抹黑了），多和婆婆聊天，去了解這個年長的女人的一生是如何度過的，這樣有利於在未來的婆媳關係中有的放矢，走進婆婆的內心世界，不讓陌生成為妳們冷戰和尷尬的藉口，讓她覺得妳是一個懂她的兒媳婦，從而營造出一種婆媳之間的默契。

媳婦要能藉著溝通，讓婆婆漸漸將想像中的媳婦與真正的媳婦對照在一起。很多婆婆也是想討好媳婦的，但是總是射不到紅心而覺得挫折，當一個媳婦能夠幫助婆婆了解自己，婆婆要表達對媳婦的疼愛時，就能愛中紅心，關係一定正向加溫。

當妳和老公發生衝突時，一定不要找長輩「主持公道」，這絕對是夫妻爭吵時候的大忌，內部矛盾還是內部解決為好。有的姐妹會在憤怒的時候打電話給公婆：「我要和你兒子離婚！」妳可能是想獲得公婆的支持，但是只會適得其反。

首先，其他家人不可能做出公平的評判。一般來說，妳的父母會向著妳，而他的父母會偏袒他。他們的偏袒和妳對另一半的評判只會激起更嚴重的憤怒和爭吵。

其次，父母會想像和放大事情的嚴重性。也許你們只是因為誰來洗碗之類的事情爆發爭吵，告訴父母，他們會驚慌地以為你們想離婚了。即使你們已經和好了，他們的憤怒還沒過去。

第三，告訴父母你們的爭吵，會引發父母對對方的不滿。這種不滿會很長久，而且會日積月累。過一段時間之後妳和丈夫恢復恩愛，妳會覺得這個丈夫還可以，但妳父母卻覺得他太糟糕了。父母為了妳可不會忍受這種不滿，他們會表現出來。而這會引發新的矛盾。

在吵架時，如果恰逢父母來拜訪，或者還沒和好就到了例行去父母家的日子，不但不能表現出來還要替對方掩飾。這種行為是一種暗示：我在父母面前保護你。他即使嘴上不說什麼，心裡也會感激你這種行為的。

小提示

婆媳之間溝通上存在的最大問題就是既沒話講又不投機。這是因為兩代女人的生命歷程差距太大，對生活所重視的部分沒有太多的交集。要避免因溝通而產生的婆媳問題，作為媳婦要讓自己回歸溝通者的角色，主動掌握與婆婆的互動，有任何意見都要說清楚講明白，在表達自己的意見的同時，也表達出替其他人設想周到的想法，將自己想要的結果修飾過再說出來。

接納婆婆的不接納

當夫妻兩個人走進了婚姻，也就意味著兩個家庭的結合。妳嫁給了他，就等於嫁給了他的家庭；他娶了妳，就等於娶了妳的一切，包括妳的家庭、妳的父母。因此，婚姻絕不是兩個人的事情。如果我們不能與另一半的家庭和諧共處，自己的幸福就會受到影響。

曉雲是個農村出身的女孩，懷孕期正在為與住在都市的婆婆如何相處而煩惱，難道門不當戶不對的婚姻真的沒有幸福嗎？

我是農村家庭，家裡還有兩個在上學的妹妹，父母辛苦把我養大，很希望我能嫁到都市，未來的生活能過得好一點。我的老公是我大學同學，父母是公務員，雖然他們的生活條件一般，但是相比我家那幾乎只足以溫飽的幾塊田地來說要好多了。因為我家境不好，婆婆當初就不同意我和老公在一起，結婚後也總是冷嘲熱諷的，因此我很少回婆婆家。自從知道我懷孕後，婆婆對我的態度有了明顯的好轉，隔三差五地打電話過來，後來乾脆搬到我家來住。

有一次她買了很多東西，我就說了一句：「媽，上週的東西還沒吃完呢，這樣買太浪費了。」結果她聽了就不高興了，開始數落：「自己女兒懷孕了也不知道來看看……」我還得不停地解釋：「我妹妹讀書需要照顧，家裡的地也需要種，爸媽沒辦法丟下不管……」

我這邊剛解釋完，她那裡又開始大罵：「妳都是要當媽媽的人了，怎麼還不知道整理啊，妳以為還在你們家啊！」

我想，我是不可能和婆婆相處得好了，她總是這樣瞧不起我，也許在她的眼裡，我只是個傳宗接代的工具而已，而且還是農村出品的生產工具。

在和婆婆的關係中，曉雲從剛開始就陷入了被動局面，雖然婚後曉雲一直迴避，但是懷孕了，就不能不再次面對了。

很明顯，在與老公的家庭對比中，因為經濟原因，曉雲是自卑的，這種自卑感一直折磨著她，隨著婆婆的到來，愈演愈烈。

雖然曉雲家庭經濟狀況不如婆家，但是既然曉雲老公當初愛上她，除了她的家庭背景缺乏經濟實力外，肯定有很多優點值得他愛。那些優點是什麼？曉雲自己恐怕不是很清楚，對自己的優勢了解得不夠，容易造成自卑。自卑是一種對自我認知的片面，曉雲需要找到自己的優點，建立起自信是關鍵。

另外，誰說農村出身的人就比住在都市的人差呢？農村的環境有農村環境的優勢，比如說農村人普遍更淳樸、更善良、心機沒那麼多、簡單樸素、熱情、好客……都市的環境造成人與人之間的封閉、隔閡、冷漠、自私也是很普遍的現象。曉雲在遼闊的鄉野間長大，吸收了土地的營養，又上了大學，熟悉了都市的生活，對生活的擴展度和包容度比只在都市長大的孩子更具有優勢，只要曉雲發揮出自己的優勢來，證明農村出身的媳婦更好，婆婆自然會欣賞她。

在提到自己的娘家時，盡量不要給婆婆太多的負面資訊，尤其是當婆婆對自己娘家心存不滿時。更要多強調娘家的正面資訊，如妹妹多麼懂事，家人之間多麼和樂，某家庭成員的優良品性等，慢慢讓婆婆知道，評價一個人、一個家庭，不能只看有多少錢，這是很片面的。即便婆婆是個嫌貧愛富有些勢力的人，也會在媳婦的積極影響下發生一些改變，當然，這需要靠曉雲自身的能力。婆婆不能接納曉雲，而曉雲是否能接納婆婆的這種不接納，是決定曉雲內心能否平穩的關鍵因素。

從做母親的角度，媳婦也要理解婆婆。自己的兒子怎麼看都好，應該找個怎樣的人才能配得上自己的兒子，當兒子的選擇與她頭腦中理想的兒媳婦有所不同時，她可能就會不滿意。這說明她沒有適度地讓兒子有自己的個人想法，對兒子的生活有過渡干涉的嫌疑。因此，即便她兒子娶的不是曉雲，而是娶張三李四，只要與她想像中的兒媳婦標準不相符，她一樣會不滿意。因此，她也並非只針對曉雲，是她與兒子的關係上有些問題。

因此，對於曉雲這樣的情況來說，曉雲與婆婆中間的這個男人就顯得格外重要了。只要曉雲與老公相親相愛，婆婆就不好再說什麼，只要自己的老公在他的原生家庭中支持自己的老婆，老婆就自然有地位。是的，曉雲的地位更需要愛去確立，而不是金錢。

小提示

如果婆婆不能接納媳婦，那媳婦是否能夠接納這種不接納？這需要媳婦的智慧和善解人意的能力。而這直接決定了媳婦良好的心態，這種心態的調整和能力對於孕媽咪來說更為重要，因為妳的心情直接影響著孩子的身心健康。

畢竟婆婆不是媽

身邊的長輩們常常說，現在的年輕人都生活在蜜罐裡，過去她們那代人懷孕，臨生產了還要不斷地做事，可是現在的小媳婦們一懷孕，娘家和婆家都無比重視，全家人都恨不得把她供起來！可是，生活在「蜜罐」裡的孕媽咪們幸福嗎？她們依然有她們的苦惱。接下來，我們就聽聽小琴的傾訴：

我們也是滿幸福的，懷孕了，婆婆媽媽都很上心。相比之下，老媽的照顧讓我覺得更為體貼。老媽老爸來我家把我照顧得無微不至，時不時做女兒的還能撒撒嬌，想躺就躺，想玩就玩，對老媽老爸有什麼話都可以直接說。婆婆可能是當管理階層習慣了，對我說話的方式總讓我感覺是在對下屬說，感受到的總是命令加一些疏遠的關心。可能是性格、文化的差異，老媽總是鼓勵我好好養胎，婆婆卻讓我面對現實，不是我不想面對，但這種日子總覺得老媽的話更順耳。老媽知道懷孕能吃什麼不能吃什麼，也知道我的喜好，婆婆卻用桂皮山楂弄了一鍋肉，真不想吃。老媽知道聞油煙會噁心，婆婆卻讓我幫她兒子炒菜，老媽能理解我隨時想睡覺，婆婆卻不能忽視她的存在。漫漫孕程，我該如何處理好這些人際關係，既不傷害到長輩，也能讓我自己舒服。

一般來說，在媽媽和婆婆之間，當然和媽媽在一起會感覺更舒服一點。因為多年在一起累積的情感，生活習性上的適應，親疏遠近自然會不同。

媽媽和婆婆的本質不同

孩子是媽媽生命的延續，媽媽對孩子的愛可以是無條件的、直接的。不管孩子如何，媽媽都會在背後默默給予支持，因此在媽媽面前女兒可以無拘無束。可是婆婆對兒媳的情感，是間接的，婆媳之間的關係是因為中間的男人而連結到一起的。女兒對於媽媽來說是唯一的，而對於婆婆來說，媳婦只是眾多選擇中偶然的一個，如果不是因為她的兒子娶了這個老婆，婆媳之間根本就是陌生人。婆婆即使愛媳婦，也是因為愛屋及烏。

媽媽對女兒的感情，是血濃於水的關係，是人的天性使然，而婆婆對媳婦的感情，是出於後天的，是道義和責任使然。

因此，首先不要要求婆婆「應該」像自己的媽媽一樣愛自己，那是不可能的。而降低期望值，就會減少很多煩惱。

主觀意念的強加造成矛盾

很多矛盾就是類似這樣「應該如此如此」和「一定非要如此」的信念而產生的言行，就像婆婆做了一鍋小琴她本來就不想吃的肉，背後的初衷是她認為的好意，她認為「妳應該如此會更好」婆婆這樣的信念，有時候就會造成一種意志上的強加，使媳婦處於無奈、忍耐，最後防禦、躲避的自保狀態。

婆婆於是感覺到了隔閡和來自媳婦的排斥，對媳婦產生一些「好心沒好報」的憤怒，於是暗地裡將情緒宣洩給兒子，而那些情商不高的兒子，可能直接就批評自己的老婆，或者暗地裡譏諷。如此一來，三個人的關係出現了裂痕，越來越傾向從負面的角度去揣測對方的看法，惡性循環就開始了。

真正的溝通來自直接而坦誠的表達

很多婆婆其實是很想討好媳婦的，只是因為不夠了解而總是射不到靶心上。因為婆婆和媳婦都難免有一些「應該如此如此」和「一定非要如此」的主觀意識在作怪，這使得雙方都不能真正了解對方，因而產生誤會。

有的媳婦希望透過老公去和婆婆溝通，用迂迴作戰的方式消除婆媳之間的矛盾，但是，由於溝通存在的資訊誤差，老公難免會誤傳老婆和媽媽的意思，非但沒有達到溝通的目的，反而可能會沾惹上更多的是非。

與婆婆之間最好的溝通是面對面的溝通，有不同意見和想法就直接說出來，表達自己感受的同時，也盡量站在婆婆的立場上考慮問題。彼此真正交換內心所想，才能達成理解，才能產生寬容。

把婆婆當成是「環境」

有些孕媽咪也可能遇到小琴這樣的困惑：如果媽媽和婆婆都爭相照顧你，該選擇誰來陪？其實小琴的內心早已經有了自己的看法：內心想讓媽媽陪，但是又不敢說不讓婆婆陪。媽媽可以隨自己的性子來，婆婆卻有時候需要我們隨著她的性子來，這是讓小琴感覺不舒服的地方。但是，如果婆婆是你無法迴避的「環境」，就需要你去適應，去協調，讓自己靈活起來，山過不來，你就過去。不論媽媽陪還是婆婆陪，你都是有人愛的幸福和幸運的人。

小提示

女兒對於媽媽來說是唯一的，而對於婆婆來說，媳婦只是眾多選擇中偶然的一個，如果不是因為她的兒子娶了這個老婆，婆媳之間根本就是陌生人。婆婆即使愛媳婦，也是因為愛屋及烏。不要要求婆婆「應該」像自己的媽媽一樣愛自己，那是不可能的。而降低期望值，就會減少很多煩惱。

與親媽相處也不易

隨著懷孕的到來，娘家和婆家的長輩慢慢開始參與到年輕夫妻的家庭中來。於是，家庭關係開始變得複雜。很多孕媽咪的煩惱就是由人際關係而引起的。有個網友在一個育嬰網站的論壇上寫了一篇文章，如下：

大家都說婆婆不好，可是我卻無法與我媽媽相處，我非常苦惱。誰能教教我？

我和老公都是從外縣市搬來這裡生活的。我懷孕後，大家商量誰來照顧我。由於公公婆婆和我爸爸都還在上班，只有我媽退休了，所以就讓她來照顧我。

懷孕九週時，我媽媽不情願地從老家過來了。我媽媽是個很節省的人，我不敢觸碰她的底線。每個月給她一些買菜錢，任由她買那些最便宜、最不新鮮的水果、蔬菜。然後我自己再買一些好菜、魚、蝦什麼的貼補飯桌。

關於吃，從來都是我們矛盾的焦點。她剛來時，我說我懷孕了，不能吃剩菜。我媽媽就非常不高興，覺得我太嬌氣了。我買了些燕窩和海參替自己補補，我媽媽覺得我花錢大手大腳。其實，我和老公的經濟狀況很好，完全有能力吃這些。

她總是責罵我，說我太嬌氣，說她自己懷孕時整天一樣吃普通的飯菜、一樣做事，現在的我不是也很健康嗎？就我是個異類。我覺得非常委屈：過去怎麼能和現在比，我想讓我的寶貝更好一些，這有什麼錯？

我老公感冒了，主動放了公筷，怕傳染給我，因為懷孕時不能吃藥。可是我媽感冒了，該怎麼吃就怎麼吃。晚飯時我忍不住幫她拿了雙公筷，她非常不高興，一整個晚上都沒理我。我老公看不下去了，想跟我媽談談。我趕緊制止了他，畢竟老公是女婿，跟我媽不太好有話直說。

說起我產後的事情，我媽媽說，照顧孫子是婆家的責任義務，她不會管我的，等我一生產完她就走。我網路論壇裡看好多人生產後跟婆婆相處很困難，我也有點擔心，試探性地跟我媽說：「別人都說最好能在自己家坐月子，恢復得更好，而且能減少婆媳矛盾。」結果我媽大發脾氣，說我想累死她，說我懷孕時她能過來照顧就已經很不錯了……我當時就哭了。看到網路上那些孕媽們晒孕期裡和自己媽媽多親密的照片，母女一起逛街給寶貝買東西，一起談論小時候的事情，我就忍不住掉眼淚。我要怎麼跟媽媽相處啊？

從這個孕媽咪的字裡行間，能感覺到她承受了很大的委屈，並且對媽媽既無奈還有些憤怒的情緒。而這些負面的感受，很大程度上是因為她由於懷孕，「退化」到了需要媽媽無條件愛自己的「小孩」的狀態上，而媽媽沒能給予她所希望的愛，由此她感到非常失望。

其實，老一輩人與新一代人在消費理念上的衝突是非常普遍的現象，尤其是經歷過挨餓的父母一代人，他們自身的安全感非常差，因此寧願把錢從自己的嘴巴裡一點一點地節省下來存進銀行，以抵禦未來的不測，也不敢在當下對自己多一點關懷和愛。當這位媽媽讓她別「嬌氣」吃剩菜的時候，她可能已經吃了一輩子的剩菜，當她只買最便宜、最不新鮮的水果、蔬菜給你們的時候，可以推斷，她自己也一直這樣虧待自己。

如今，做女兒的已經長大，已經有了自己生活的方式，但是媽媽一輩子的生活模式是不可能一時就改變的。女兒已經懂得了如何愛自己，可是她的媽媽卻還固守在過去的生活模式裡，這位媽媽之所以讓女兒感到不能忍受，正是因為她一直如此苛求自己，並將她自己的方式「推己及人」。媽媽認為女兒在坐月子的時候讓她來照顧會「累死她」，是她自己目前已經用盡了全力，身心疲憊的一個信號，經歷生活觀念、作息習慣、生活環境等各種因素發生強烈衝突的她可能會想，我如此付出，如此為他們著想，結果女兒和女婿還這樣不理解我。女兒坐月子，心力上消耗會更強，但是現在我都已經無法承受了……

老公在感冒的時候，自己主動放上「公筷」，這是隔絕自己，保護別人的一種行為。而這個孕媽咪幫媽媽放上了「公筷」之後，媽媽發了脾氣，這說明她不能忍受自己在生病時、弱小時被別人「隔離」和「拋棄」，在這一點上，說明媽媽很依賴女兒，並且自身還不夠強大，心智也不是很成熟。

如果這位孕媽咪能從一個需要媽媽照顧的孩子身份脫離出來，以一個長大的成年人的心態去看自己的媽媽，就會看到她同樣是需要照顧，特別是需要愛的「沒長大的小孩」。一個不愛自己的人是沒有能力向別人付出真正的愛的，而已經長大的女兒在此方面是否需要幫助媽媽成長呢？

這位孕媽咪和老公在別的縣市生活，懷孕期間才請媽媽從老家趕過來，可以猜想她和媽媽應該多年沒有生活在一起了，彼此的理解和順暢的溝通不是一時能建立起來的，因此，對媽媽少一點要求，接受媽媽本來的樣子，多給媽媽一些關愛和讚賞，讓媽媽意識到自己的重要性和優秀美好的一面，加強媽媽對自我良好的感覺和接納程度，這會間接促進母女之間的感情，這也是長大的女兒與媽媽在有限的相處時光裡值得做的事情。

不要總想著從媽媽那裡獲取什麼，那只是孩子的想法；還要想著可以向媽媽付出什麼，這才是大人的想法。雖然我們依然是孩子，卻也已經成為了大人。

小提示

如今，做女兒的已經長大，已經有了自己生活的方式，但是媽媽一輩子的生活模式是不可能一時就改變的。女兒已經懂得了如何愛自己，可是她的媽媽卻還固守在過去的生活模式裡，這位媽媽之所以讓女兒感到不能忍受，正是因為她一直如此苛求自己，並將她自己的方式「推己及人」。

一屋不容「兩個媽」？

一般來說，孕期和產後有一方的父母過來幫忙比較合適，如果雙方父母一起駕到，很容易造成關係上的失調。有一個朋友曾和我講，她生完孩子，兩方媽媽都來照顧，結果雙方總是互不認可，她夾在中間，一個月瘦了十二公斤！其他有過類似經歷的朋友提起兩個媽媽同處一個屋簷下，也一樣搖頭。為什麼兩個媽媽都來照顧，會讓孕媽咪如此難受，而面對這樣的問題，夾在中間的我們難道只有接受這個選項嗎？

有一天，我接到一通諮詢電話，這位朋友都已經懷孕八個多月了，在電話中她喘著粗氣，聽起來很有壓力的樣子，她的煩惱就是兩媽相鬥，二虎相爭。

當媽媽一聽說我懷孕，便高興地從老家趕過來照顧我，當我懷孕七個月的時候，婆婆不放心我的身體，也來到我家照顧我。本來我覺得有我媽媽一個人足夠了，但是又不好拒絕婆婆的幫忙，畢竟人家是好心，所以現在兩個老太太都住在我家。但是，她們兩個經常為應該吃這個，不應該吃那個而爭吵，比如，我媽正高高興興地幫我買了鯊魚肉，我那位有學問的婆婆就會不屑地說：「健康節目裡都說了，孕婦最好避免鯊魚肉，因為魚體內的汞含量可能會影響胎兒大腦的發育……」本來很高興的媽媽，立刻沮喪地回房間去了。有時候她們爭得面紅耳赤，令我頭昏腦脹。幫誰說話都不對，我該怎麼辦？

婆婆和媽媽雖然有矛盾，雙方有時候互相不能妥協，但是出發點和目標都是一樣的，都是為了讓妳和孩子更好。理解了初衷，有了感恩的心，內心就不容易煩躁起火。

大家的目標一致，之後再去解決分歧就會變得容易。每個人都有自己的觀點，人一多，觀點可能就會針鋒相對，言語不慎，就會引發衝突。

如果雙方父母能輪流照顧，或者由某方父母照顧就會減少很多想法上的衝突。

但需要注意的是，在勸退父母的時候，一定要由父母自己的子女出面來溝通比較好，並且要站在他們的立場上考慮問題，不要讓他們感覺到受到了排斥。

如果雙方父母仍需要長期在一起生活，就需要協調雙方的關係了。我們可以借鑑大公司的管理模式，即採取家庭會議來進行溝通。對於孕期飲食以及療養方式上，大家可以在公開公平的環境中各抒己見，發表自己的看法，有什麼不同的看法也可以當場說出來，最後大家共同商量來決定。需要注意的是，夫妻兩人需要事先溝通好，當老婆的媽媽和老公的媽媽發生爭執的時候，最好是由老公來幫岳母，而老婆最好來力挺婆婆，這樣交互處理效果會比較好。

婚姻不僅是夫妻兩個人的事情，更是兩個原生家庭甚至是兩個家族之間的事情。因此，要掌握一些處理這些關係的技巧。平時的生活中，向老公原生家庭、家族示好的事情（比如送禮物），都由老婆來做；而向老婆的原生家庭、家族示好的事情，都由老公出面來做。簡單來說，在夫婦兩家的親戚面前，夫妻二人彼此相互「貼金」，才能幫助對方更好地融入到自己的家族裡去，才能更加鞏固彼此在對方親戚中的地位，最後，自己的小家庭才能保證整體的氣氛和諧。例如，夫妻兩人一起為兩家親屬買了禮物，而在自己的親屬面前，一定要強調是自己的另一半想到的主意。

因此，媽媽和婆婆之間的衝突並不是這個家庭的最大問題，最需要注意的是：夫妻二人不受此影響，能一直以感恩之心去體諒雙方的父母，並且能夠積極地、有方法地協調才是家庭穩定和諧的最重要因素。

小提示

在夫婦兩家的親戚面前，夫妻二人彼此相互「貼金」，才能幫助對方更好地融入到自己的家族裡去，才能更加鞏固彼此在對方親戚中的地位，最後，自己的小家庭才能保證整體的氣氛和諧。

「催熟」老公

現在的準父母們，一般都是從小沒做過太多的家事，更多精力都放在了讀書上，當他們成家立業，換自己當父母時，往往很多生活能力還不具備，經常會因此而產生衝突。小琳講的就是這樣的煩惱，她正因為老公的不成熟而感覺焦慮：老公還是孩子，他怎麼能當爸爸呢？

我現在懷孕三十一週了，可是從懷孕到現在，從沒享受過一分鐘懷孕的特權，相反地，我們家懷孕的好像是我老公。我心疼他平時上班辛苦，家事基本不讓他做，除了煮飯這種我不會的家事以外。他一個月也難得煮一兩次飯，每次還需要我去買菜，吃完了我去洗碗。平時我們都在外面吃，朋友們都說不可思議，畢竟懷孕在外面吃很不健康。

他每天回家來，什麼都不做，沒事就躺在床上或者沙發上玩遊戲，有時候還會丟一句：老婆，幫我把包包拿來。老婆，幫我倒杯水。每次我好不容易收拾乾淨的屋子，他一回家，褲子衣服就丟得滿天飛，跟他說了好幾次，他嘴上答應，但就是不改。

懷孕後我半夜肚子餓，但心疼老公，不想讓他幫我做吃的，也不想讓他去外面幫我買，想說點外送就好，讓他幫我打電話點餐，但他這樣都嫌麻煩，還說浪費錢，為了這件事我哭了幾次，感覺心裡很委屈。我看到論壇裡，很多孕媽咪說半夜餓醒了，老公都會去做東西吃，我不奢望那種待遇，為什麼幫我打個電話都這麼難呢？對於孩子，他也不管，我要他跟寶寶說說話，或者摸摸寶寶，他很不情願，要做也只是很敷衍的做一下，我猜孩子到現在還沒聽見過爸爸的聲音。現在，我不僅要照顧自己，還要照顧不懂事的老公，一想到未來還要撫養孩子，就覺得心裡像壓了一塊大石頭，讓我喘不過氣來……其實小琳已經知道問題的所在了——「老公不懂事」。這種情況在懷孕前可能沒什麼，可是在懷孕後，問題就顯露出了嚴重性。

可是老公不懂事小琳是難脫其責的。是小琳「平時心疼他，家事基本不讓他做」養成他這個樣子的，小琳長期服侍著他，結果當然換來他什麼都不會，失去自我照顧的能力，小琳老公懶得照顧自己，更別說去照顧老婆了。當小琳懷孕後，依然用同樣的方式對待他，同時又希望他能有所轉變來懂得照顧自己，肯定是很難的。

如果說小琳的老公不夠成熟，那麼，小琳愛老公的方式是否成熟呢？小琳和老公的關係有點像母子關係，如果母親一手包辦孩子的生活，被溺愛的孩子是不懂什麼是感恩的，該拒絕時卻一味給予，不是仁慈，而是傷害；越俎代庖地去照顧有能力照顧自己的人，只會使對方產生更多的依賴性，這是對愛的濫用。

不過，如果小琳意識到了這個問題，還不算晚，等到將來孩子生下來，身心疲憊的自己去照顧「兩個孩子」才是更棘手的事情。那麼，像和小琳有著相同境遇的朋友，怎麼樣才能盡快「催熟」老公呢？

首先，注意溝通方式。說出妳的真實感受。

妳現在是什麼感受，希望他能給妳什麼樣的幫助和愛，如果他還是拒絕，把被拒絕後的感受再說出來。但是，不要帶著指責和批評的口吻，如：「我都這樣了，你還不知道要怎麼做」、「你這樣有爸爸的樣子嗎？」

比較合適的表述方式如：

描述事件的境地。「當……」

以情感詞彙表達感受：「我覺得……」

表達傷痛與需求，隱去指控、責怪對方的部分：「我所需要的是……」

提出目標：「我希望我們兩個能……」

其次，用欣賞和暗示讓老公自然成熟。即順應老公的內心需求，使他愛妳的行為變成自覺。

像母親一樣的妻子有個特點，就是一邊服侍，一邊指導和掌控，眼裡看到的也更多的是老公「需要改進的部分」和「不夠成熟的處事」，這樣的態度下，老公怎麼做似乎都達不到要求，索性放棄了努力。這是家教上的誤區，也是夫妻關係中比較典型的現象。「好孩子是誇出來的」，同樣，「好丈夫也是被欣賞出來的」，如果妳想讓他變得願意承擔更多的家事和對孩子更有責任心，不妨將目光放在他細小的努力上，及時、由衷地誇獎他，當然，這些誇獎是妳發自肺腑的感受，否則就顯得很虛偽。

更深一層來講，對老公關懷備至，而又對他的愛感到不滿足的女性，本身對自己的愛也很匱乏。

對於愛的需求，像小琳這樣的女性朋友往往嘴巴上不明說，而是用不斷地給予來提示對方良心發現多愛自己一點，有一種用「給」去「要」的習慣。

但是，對方的良心長期以來都被愛服侍到無法開機了，就算可以開機，也不太會運轉，常常當機。

而為什麼用這種方式去獲得愛呢？給予方的內心往往有覺得自己不配被愛，不配要求別人之類的想法在作祟，「很多孕媽咪說半夜餓醒了，老公都會去做東西吃，我不奢望那種待遇」，為什麼這是奢望呢？

與其讓別人來愛自己，不如自己愛自己更實在；而別人愛自己，也是建立在自己愛自己的基礎上。

小提示

該拒絕時卻一味給予，不是仁慈，而是傷害；越俎代庖地去照顧有能力照顧自己的人，只會使對方產生更多的依賴性，這是對愛的濫用。

不要把老公置於左右為難的境地

在造成孕媽咪產前憂鬱症的原因中，有一個重要的因素就是孕媽咪與老公的關係。當孕媽咪對丈夫產生了一些新的或者不合理的期望，內心的需求沒有被滿足時，就會產生各種負面情緒。

有個孕媽咪小春打電話諮詢我，訴說的正是這方面的苦惱。

這幾天，我的心情不怎麼好，原因就是老公的老闆一直叫老公去出差，可是老公答應過我，這個週末要帶我去產檢的，結果他一直堅持說不去。可是他老闆卻說他連這點事情都不能決定，說他怕老婆什麼的，鬱悶啊，寶寶又不是我一個人的，我卻莫名其妙地成為了他背後的「壞女人」。

老公也被說得很難受，我都不知道怎麼幫他解釋。看他難受，我也不好受。可是我前段時間一直咳嗽，現在很擔心寶寶的健康，已經要滿十四週了，必須要去檢查了，不能再拖了呀。我覺得事業固然重要，但是家庭更為重要，孩子一輩子也就那麼一兩個，工作可以有很多種選擇，難道不是嗎？

聽到小春的講述讓我的腦海中浮現出一幅場景：小春的老公一隻手被老闆拉著，另一隻手則被小春拉著，他處在中間左右為難，老闆的臉上有對妳老公的嘲弄，而小春的臉上既有對老公的失望還有因他為難的內疚。

確實，在這樣的關係裡，最為難的是小春的老公。此時，他既想要工作，又想要家庭，結果弄的兩邊都對他不滿意。

小春覺得家庭比事業更為重要，那只是女人們普遍的想法，因此，很多女性願意為了孩子和家庭放棄對事業的追求。但是，對於很多男人來說，他們往往把事業放在第一位。這和男人女人有不同的遺傳基因有關——從遠古時代，男人就是獵食動物，女人是築巢動物，因此，沿襲了這麼多年的男主外、女主內的集體潛意識到我們這一代也不是那麼好突破的。在這點上，我想可以理解小春老公的為難：他不是不夠愛家庭，是突破不了男人頭腦裡的集體潛意識，或者說，那是普遍男人的本質。

另外，即使最親密的兩個人也需要彼此尊重各自的價值觀，在尊重的基礎上給對方所需要的東西，這才叫愛。愛不是要求對方與自己一致，不是你認為家庭重要對方就一定要認為家庭很重要，那樣的要求是控制而不是愛。

胎兒現在只是十四週，以後的路還很長，孩子出生後的兩三年內，育兒工作將更加繁重，之後孩子上幼稚園、小學、國中、高中、大學……父母的工作將持續一生，如果不能認清上面所說的問題，小春對老公的失望仍會繼續，而小春的老公也依然會為難於家庭和工作之間。這時候因為需要老公陪著去產檢而希望他放棄工作，那麼，將來呢？會不會因為孩子生病而需要老公放棄工作？因為孩子課業跟不上而需要老公放棄工作？

如果老公沒有了工作，自己的家庭生活還有沒有保障呢？老公自己願不願意放棄對事業的追求呢？

在充分理解和尊重老公的前提下，再去和他溝通自己面對的困難，那時候老公做的選擇，會出自他自身的意願，而沒有因為要遷就小春而勉強的想法，這樣，小春也可以避免對這件事內疚。

或許小春過去還是個需要別人寵著的女孩，但是現在已經即將晉升為媽媽，這種人生的轉折，這種角色的轉換，需要一個女人用更強大的內心去適應，孕媽媽正處於「女孩」向「媽媽」過渡的時期，希望我們所有的孕媽咪在此期間就開始修煉內心，以便順利完成這一轉折。

有些孕媽咪並不是像這樣去做心理準備，或者也不願意去做這樣的心理準備，懷孕後反而讓女性們變得更加柔弱和容易依賴，在全家人頂級的待遇下，孕媽媽在享受充分的關注的同時內心也變得非常敏感和脆弱，甚至退化到需要百分百被愛著的小嬰兒狀態，完全以自我為中心，似乎喪失了自我照顧的能力，喪失了愛別人的能力，此刻，「我需要被愛」的心理訴求超越了一切，如果不能滿足，還會借用特權「挾天子以令諸侯」，以威脅的態度來獲取別人的愛。

這樣的孕媽咪有些是因為童年時沒有被愛夠，在愛上存在著殘缺，渴望透過懷孕這一特殊的期間來彌補內心沒有被愛夠的感覺，因此，孕媽咪這時候就變成了一個會索取的小孩，索取的人尤其指向自己最親密的人——老公。而老公原本正常的生活，也會因此而變得難過——老婆需要自己更多的愛，可是要自己放棄工作去愛？愛不起啊！

孕媽咪渴望更多的關注，老公不能為了滿足孕媽咪而失去其他重要的生活部分，這便造成了衝突，產生了類似「我和你媽媽都掉進河裡，你先救哪一個」的質問，現在的質問是「我和工作，你看哪個重要？」

聰明的女人是不會問老公上面的問題的，如果你想解決自己沒有被愛夠的缺

憾，也應該去請教心理諮商師，而不是轉向同樣也需要愛的老公那裡，沒有足夠強大的心理能量和專業知識，恐怕他承受不住。

小提示

懷孕後反而讓女性們變得更加柔弱和容易依賴，在全家人頂級的待遇下，孕媽媽在享受充分的關注的同時內心也變得非常敏感和脆弱，甚至退化到需要百分百被愛著的小嬰兒狀態，完全以自我為中心，似乎喪失了自我照顧的能力，喪失了愛別人的能力，此刻，「我需要被愛」的心理訴求超越了一切，如果不能滿足，還會借用特權「挾天子以令諸侯」，以威脅的態度來獲取別人的愛。

愛他，就允許他有自己的空間

懷孕期對女人來說是一場心理和生理上的重要轉變時期，這個時期，孕媽咪在情感上很容易變得脆弱，對愛人很容易產生一種依賴感，希望對方能以自己為中心，時時關心自己，照顧自己。但是，畢竟對方也有自己的生活和工作，這就很容易造成夫妻之間的矛盾和衝突。

悅溪就正在和老公嘔氣，她希望老公能關心她，但老公卻離她越遠，她甚至想到了離婚。真的有離婚的必要嗎？

我懷孕四個月之後，就回娘家養胎了，也從此時開始和老公分隔兩地。其實我之前不想回家的，一來是捨不得老公，二來也不放心他。但是後來，我妊娠反應很大，也沒人照顧我，就只能回到了老家。每天，我都是在思念老公和等待電話中度過的。在我走之後，我就發現老公把家中的電話變成了來電轉接到他的手機上，這樣他即使不在家，可以佯裝在家。被我發現了之後，他才吐露實情，原來是和同事出去旅遊了幾天。

每次和老公的通話時間都不過一兩分鐘而已，問問我吃什麼之類的，我想和他多說說話，他總說電話費太貴，可是他打電話給同事聊一個小時都沒問題。慢慢我覺得我變得很敏感，比如我走後他的臉書密碼變了，也看不見他都和誰聊過天。我問他為什麼這麼做，他就說我不給他空間，他覺得他太不自由。

我察覺到我們的溝通出了問題，我想改變，可是他比我的情緒更壞。他不僅沒幫我做過什麼，還抱怨我太難伺候。我覺得我的婚姻好可悲，連離婚的念頭都有了。

成年人的生存空間由三部分組成：工作空間、生活空間和空間走廊，對於悅溪來說，家庭生活空間幾乎成了她唯一的活動範圍，而老公，成了她唯一的精神依賴——即使她回到了老家。這種單一的情感依賴也造成了悅溪對老公生存空間的侵犯，悅溪對他的敏感、在乎、想把他緊緊抓在手裡的感覺，實則是一種控制，而控制不是愛，控制是對愛的傷害。

在控制和支配下，很容易激起對方內在的反抗心態，但通常是越掙扎，束縛就越緊，束縛越緊越掙扎——關係之間的惡性循環就這樣產生了。

對於一個人來說，他的生存空間以及自己所擁有的物品，都是建構安全感的一部分，如果這些條件遭到侵犯或者破壞，人就會感覺焦慮、憤怒。甚至會做出一些極端的事情。實際上，我們任何一個人的安全感受到侵害，都會引發人際衝突和抗爭，夫妻關係也不例外。

因此，即使是最親密的關係，也應該為對方充分保留個人的生存空間以及在空間裡的自由，否則，必然會傷害彼此的關係。

悅溪的老公和同學去旅遊為何要隱瞞悅溪？難道他不可以有旅遊的自由嗎？他的臉書密碼不想讓悅溪知道，難道他的這個隱私權一定要對悅溪開放嗎？悅溪要求的越多，想控制的越多，老公只會離她越來越遙遠，因為，他要守護屬於他的安全感和捍衛自己的生存空間。

愛，首先要尊重對方的生存空間，尊重對方的隱私，保證他的安全感。距離和獨立是一種對人格的尊重，這種尊重即使在最親近的人中間，也應該保有。

愛情就像捧在手裡的沙，抓得越緊，沙子就越從你的指縫間溜走。當妳放鬆地、比較開放地捧著，它反而會安靜地留在自己的手心裡。

還是關注一下我們自己的生存空間吧，當我們的生存空間裡只有對方一個人的時候，對方的一言一行難免會讓妳敏感費心，如果拓展一下自己的空間範圍，把注意力分配到其他感興趣的事物上時，對他的焦慮也就沒有那麼重了，而他，也會充分地獲得自己的自由。夫妻關係才能改善。

悅溪覺得婚姻好可悲，產生了放棄的念頭，但是，關於愛和溝通，卻是婚姻裡的必修課。無論和誰結婚，都需要學習這個課題，逃避是不能解決問題的。

悅溪察覺到他們夫妻之間的溝通出現了問題，並且想改善，這說明悅溪對自己已經有了反思，這是一個改變的開始。但是如何從根本上改變溝通方式呢？

首先要意識到妳已經對對方造成了傷害，要道歉；

去掉以往溝通中的不良模式，如指責，質問，貶低；

在與對方溝通時，盡量多和他分享妳生活中的樂趣，積極正向的東西；

如果對對方有所不滿，也要以「我」為主語，而不要以「你」為主語，以「你」為主語開頭，容易將溝通引向指責和抱怨。

小提示

敏感、在乎、想把對方緊緊抓在手裡的感覺，實則是一種控制，而控制不是愛，控制是對愛的傷害。在控制和支配下，很容易激起對方內在的反抗心態，但通常是越掙扎束縛就越緊，束縛越緊越掙扎——關係之間的惡性循環就這樣產生了。

孕期如何面對老公出軌

孕期最難面對的是什麼？是孕吐？是對流產的擔心？是對生產的恐懼？是糾結於婆媳關係？都不是！對於孕媽咪來說，如果知道老公出軌會怎麼樣？在最脆弱的懷孕期，有比遭受老公的背叛還更痛苦的事情嗎？是離婚還是不離？孩子還要不要？這些都會讓孕媽咪痛苦不堪。一名叫菲兒的朋友就不幸遭遇到了這樣的打擊。

我懷孕已經七個月了，發現老公在外面有女人，那個女人不知道怎麼知道我的電話號碼，傳訊息跟我說她懷了我老公的孩子。我確認後發現是真的，肯定是我老公和她在一起過，但是只是和她玩玩而已，她不甘心才來我這裡騷擾我的。我現在已經搬出來住了，我想清靜幾天，手機都關機了，我真的不想和他吵架，一直忍著，等到房間裡沒人的時候，我才控制不住哭出來，我昨天晚上又是一夜沒睡，真的心好痛。我快崩潰了，我想離婚，可是孩子不能一生下來就沒有了爸爸啊！離婚或者不離婚，對我來說都很痛苦。我該怎麼辦？

這兩個選擇確實都會帶來痛苦。我們暫且冷靜下來先不做選擇，人在情緒激動的狀態下所做出的選擇往往都是會後悔的，因為此時的理智已經被激動的情緒所淹沒，大腦會失去正確的判斷。想哭就痛痛快快地哭一場，先把委屈哭出來，讓自己冷靜下來，之後進入理智狀態。

先分析一下孕期為何有的男人會出軌，普遍的原因是什麼。

性焦慮

孕期的女性考慮到有了寶寶，會自覺減少性活動，內心都被滿腔的母愛所占據。據相關調查顯示：百分之八十四的男人經常性幻想，他每天和妳共處一室卻不能親近，如果剛好有人這時願意主動投懷送抱，條件適合，那麼對於一些責任感不強、意志薄弱的男人來說，性出軌的可能性就很大。

失去關注

獨生子一代長大的男孩，如果家庭過於寵愛，他們在備受關注的愛中長大，即使成家後，他們也希望配偶像父母一樣照顧自己。而有些女性，剛好喜歡照顧自己的老公，可是懷孕後，這樣的關注被孕媽咪肚子裡的小生命奪走了，內心還沒有長大的準父親倍感失落，於是，漸漸轉向外面尋找情感寄託。

壓力增大

孕媽咪在懷孕期間，因為社交圈變小、工作價值感下降、身材走樣等原因，容易情緒化，並且很容易將情緒發洩到老公身上。而準爸爸白天上班可能累了一整天，回到家裡又需要改掉過去不做家事的習慣，細心照顧孕媽咪，如果再接收一些來自孕媽咪的負面情緒，容易使準爸爸心力交瘁。除了這些，還有來自經濟上的壓力，未來有了寶寶，自己是否能養好這個家？如果這時候女方父母來照顧女兒，對準爸爸再有一些挑剔和不滿，這些都可能造成男人的壓力和憂鬱。

孕期的準媽媽非常辛苦，這時候再遭遇老公出軌確實心理上很難承受，以上列舉的是普遍性的因素，希望孕媽咪在憤怒平息之後，能先換位思考一下。畢竟，任何事情發生都不是單一的一種因素造成的。

菲兒的老公到底是什麼樣的情況，還需要菲兒冷靜下來去與他溝通。溝通的時候盡量談自己的感受，先不要指責。聽聽對方怎麼說，他怎麼看待夫妻之間的感情，他想如何處理與另一個女人的關係，之後菲兒再決定是否離婚比較妥當。如果我們經過理性的思考，再做出決定，雖然可能會遇到困難，但是至少我們不會後悔。

小提示

人在情緒激動的狀態下所做出的選擇往往都是會後悔的，因為此時的理智已經被激動的情緒所淹沒，大腦會失去正確的判斷。想哭就痛痛快快地哭一場，先把委屈哭出來，讓自己冷靜下來，之後進入理智狀態。

生老二前，如何避免老大感到孤單？

越來越多的家長意識到一個孩子成長的孤單，於是在經濟允許的條件下開始了孕育二胎的準備。當有了第二個孩子，媽媽的精力就會越來越多地傾向於小的，而對第一個孩子的關注必然會減少。這時候，有些「老大」心裡就會產生不愉快的情緒，甚至對未出生的「老二」心生敵意。作為媽媽，如何平息這場對愛的競爭，避免老二的到來，讓老大產生失落感呢？接下來，我們就和閃閃的媽媽一起討論這個問題，閃閃的媽媽此刻正陷於這個問題中。

家庭經濟穩定的條件下，我們決定再生一個孩子，經過一年多的備孕，我終於再次懷孕了。在喜悅當中，我也發現了種種隱憂：我四歲的大兒子不太接受他未來的「弟弟」或者「妹妹」。因為懷孕，我不能像以前那樣抱他，晚上也不能再陪他睡覺，他為此常常哭鬧，並抱怨老二奪走了媽媽。更糟糕的是，身邊也總有「好事者」對兒子開玩笑：「你媽媽有了老二，以後就不喜歡你了。」兒子信以為真，對我肚子裡的老二更加排斥。等孩子出生之後，我們對老二的照顧難免會更多，這樣勢必會讓老大更加不滿，如何讓老大接受老二的出生，適應老二的存在呢？

四歲的老大還處於對媽媽的依戀期，當媽媽懷孕不能像以往一樣照顧他時，他不能很好地適應這個變化，他不適應老二地存在，並抱怨老二「橫刀奪愛」的背後只是對媽媽不再愛自己的擔心和焦慮。

因此，媽媽要經常用肯定性的話語告訴老大：「媽媽雖然會有第二個孩子，但是媽媽對你的愛不會改變。」如果在某些行為上（如陪伴睡覺）因為懷孕不能像過去一樣照顧，也沒必要對老大解釋說是因為老二的緣故，以避開敵對情緒，可以用「鍛鍊勇氣」等種種正向的理由告訴老大，讓老大在正向力量的驅使下適應老二到來的一些新的變化。

為了更好地讓老大適應老二，還可以針對幼兒期孩子的特點，父母做一些鋪墊，促進兄弟之間的感情。比如讓老大觸摸胎動的肚皮，就說老二在和他打招呼；耶誕節送老大一些禮物，就說是老二拜託聖誕老人送來的；老大在幼稚園有了高興的事情，父母可以順帶說一句：「肚子裡的小寶寶知道了肯定會為你高興。」等等。要在生活中融入老二對老大的愛，自然會讓老大接納老二。

有了感情的鋪墊之後，還可以透過迎接老二的到來，培養老大的自我價值感和責任感，這對老大來說，也是一個很好的成長機會。平時可以和老大討論老二出生之後如何照顧他，先聽聽老大的意見，發揮他的主動性。之後可以列出很多老大可以做到的事情，向老大求助，在自己能力允許的情況下，老大會很願意主動承擔一些工作來幫助父母照顧未來的小寶寶。當孩子有了主動願意幫助父母承擔的意願時，他的自我價值感和責任感也就順便培養起來了，這相較於獨生子女的家庭，習慣以自我為中心的孩子來說，是一個巨大的改變，也是對於多子女家庭裡的孩子的寶貴資源。

任何事物，都有正反兩面。對於負面的部分，我們家長完全可以轉化為正面的資源，讓孩子獲益。當然，這個轉化需要靠父母的智慧。

有些家長在處理子女爭奪愛的問題上一個頭兩個大，很大一部分原因是自己做為兒女時，依然在父母愛的分配上存在著不平衡的心理，因此，他也不知道成為家長後，要如何去面對自己孩子之間的這個問題。很多成年人依然在父母的財產以及寵愛之間感到不平衡，以至於兄弟姐妹之間的情感產生嫌隙，爭端不斷。這是成年人心智還未成熟的表現。父母給兒女最大的禮物就是生命，只要兒女已經步入成年人的行列，父母所做的就已經足夠，其他不滿足的部分，是自己的責任，已經和父母無關。父母有資格以不同的態度對待不同的兒女（在不觸犯法律的情況下）。如果已經成為父母的兒女都能有這樣的認知，那麼在面對自己的孩子們時，也就會輕鬆很多。因為理解了自己的父母，也就理解了當父母的自己。如果不能理解自己的父母，自己當然也無法解決這個問題。

小提示

任何事物，都有正反兩面。對於負面的部分，我們家長完全可以轉化為正面的資源，讓孩子獲益。當然，這個轉化需要靠父母的智慧。

附錄3．準爸爸的婆媳維和祕笈

在我認識的準爸爸當中，許子是最具有幽默感的人。當大家都稱讚他家婆媳關係親如母女時，他背地裡暗自嘆氣：「也還好！」了解的多了，才知道原來是許子這塊「雙面膠」做得好，人家為了調和婆媳之間的感情，做得事情可是很多的。為了為眾多準父母謀取福利，我常常「採訪」他，後來才得到了他的祕笈。好東西要和大家分享，現摘錄許子語錄如下，全都是許子對準爸爸們的金玉良言啊。

俗話說「婆媳如天敵」，這對天敵過去在老婆還沒懷孕的時候往往因為不常見面，因此還能相安無事，可是自從老婆一懷孕，麻煩事就來了：老媽要是問候得多了吧，老婆覺得有壓力；老媽表現得平淡一些吧，老婆又覺得不關心她。老媽也是，傳統的老觀念一大堆：什麼要盡量生兒子啊，嫌我老婆懶惰啊，勤儉節約至上啊……真的是夠我頭痛的。兩邊詆毀對方的話時常在我的耳邊圍繞，還好我在高壓狀態下練成了一套維和功夫，現在就貢獻給曾經和我一樣處於水深火熱中的男人們。你們要好好學習，將來轉正當了爸爸，依然可能用得上。

婆媳第一戰區：生男或生女

老媽雖然嘴上說生男生女都一樣，但是我知道她心裡還是喜歡抱孫子。可是她一有這樣的表現，老婆的火就上來了，堅決不當生育工具！這時候我的立場很堅定：「如今男女都一樣，我喜歡女兒。」現在的時代，男生女生確實已經沒什麼區別了，可是我一定要說喜歡女兒，為老婆留一條後路。平時還要多洗腦老媽生女兒的好處。只要發現老媽有重男輕女的想法，還要把xy染色體的生物知識拿出來解釋，讓老媽清楚地知道，生男孩還是生女孩的關鍵是我。這樣如果老婆生了女兒，

自己家人也很難再說什麼。

婆媳第二戰區：消費理念大衝撞

老媽那一代節儉習慣了，看到年輕人花錢大手大腳會非常生氣。在買菜、買衣服、洗澡用水、夏天開冷氣等多個方面都可能發生摩擦。老媽總喜歡在夜市裡買很划算的嬰兒衣服和玩具，可是價廉物不美啊，質地粗糙還可能有化學藥劑的殘留，老婆一看到這些東西就擔心影響未來孩子的健康，她一不開心我就完蛋了。所以平時必須幫老媽剪報紙或在網路上搜尋一些資料印出來，告訴老媽衣物玩具上化學汙染的危害。並且鼓勵老婆一起向老媽表態：我知道您擔心我們未來的經濟問題，但是我們一定從自己做起厲行節約，減少自己的開支。但是寶貝用的東西，不求奢華，品質一定要過關。

雖然說要厲行節約，但是老婆有時候愛美難免會買件衣服，老媽的服裝消費從來沒有突破過五百元，因此一旦她知道老婆的衣服要一千多元往往會說：「這衣服有什麼好的，這麼貴！」無形之中用言語限制老婆的花費，她就會認為老媽干涉個人生活，自己賺的薪水自己不能做主，於是難免會覺得委屈。你想讓她們之間化矛盾於無形基本上是妄想，因此，這樣的戰火也需要我們來平息。當老婆買了衣服，如果老媽問起，打個半價或者多打折扣報給她，老媽對價錢也就不說什麼了。如果老媽要發飆，我們當兒子的就只能和老媽偷偷撒個嬌：「現在的女人都打扮得漂漂亮亮，您就讓她多買幾件衣服也沒什麼。我老婆出去漂亮，我臉上也有光。」兒子一撒嬌，老媽就屈服了，這招非常好用，一般人我不告訴他！

婆媳第三戰區：老媽認為家事應該是妻子要做

老媽在家裡，過去是伺候老公和兒子，我們父子就沒做過什麼家事，如今來到我家，一看到我洗衣煮飯就非常不能接受，感覺這不應該是男人該做的，這時候就容易生氣；老婆也會不滿，畢竟人家也是獨生女，從小就沒被教育要「家事全包」。有時候老婆做家事，我怕她挺個肚子累著，就過去幫忙，這時候往往會被老媽搶過去：「我來我來！」但幾次下來，老媽就會對老婆感到不滿。但是如果老媽讓她做家事，我在一旁看電視，玩遊戲，我實在是於心不忍。這時候就必須要我出面表明立場：「媽，我老婆懷孕也滿辛苦的，我一個大男人做這點家事沒什麼。」老媽看見兒子挺疼老婆，漸漸習以為常，也就不再碎碎念了。

婆媳第四戰區：老媽認為妻子應該在我面前低眉順眼

有的人存在著一個錯誤的想法，就是在父母面前表現大男人主義，哪怕背後為老婆「做牛做馬」，自己的父母滿意，有利於家庭團結。可是這個弊端是：男人的父母看到自己兒子都不尊重不愛自己的老婆，他們也會看輕她，這種「看輕」會在生活中的各個方面有所展現，反而是未來家庭矛盾的根源。如果不吝於在父母面前對妻子展現愛和呵護，愛屋及烏，父母也會重視妻子在兒子心中的特殊地位，對她的態度、言語上都會比較有分寸，這樣家庭矛盾反而會減少。

男人是潤滑劑，在婆媳關係中有著關鍵作用。一些男人夾在老婆和媽媽兩個女人之間，感到為難，遇到她們的摩擦能躲就躲——可是時間長了，小事情不處理，是會累積成大事的。女人的忍耐力是很強，可一旦不再忍耐，爆發起來破壞力驚人，不可收拾。為了家庭大計考慮，勸各位好好讀讀我以上的維和祕笈，勿以善小而不為，共同修煉，發揮雙面膠的作用。

小提示

男人是潤滑劑，在婆媳關係中有著關鍵作用。一些男人夾在老婆和媽媽兩個女人之間，感到為難，遇到她們的摩擦能躲就躲——可是時間長了，小事情不處理，是會累積成大事的。女人的忍耐力是很強，可一旦不再忍耐，爆發起來破壞力驚人，不可收拾。

附錄4．好爸爸的成長之路

當你和伴侶準備要生一個寶寶的時候，生活就會帶著你們邁向了新的征程，你們要一起學習適應生活的新變化，共同迎接小生命的到來。

積極備孕，不打無準備之仗

向著寶寶前進，一定要做好充足的準備。首先要做好孕前檢查，畢竟生孩子不是女人要孤軍奮戰的事情，男性生殖系統的健康是生育健康寶寶的必要條件。如果要把優良的基因傳遞給下一代，遠離煙酒也是非常有必要的措施。如果準備要生寶寶，準爸爸們最好提前半年戒煙戒酒。另外，保持良好的心情也是孕育健康聰明寶寶的一個重要因素。

做準媽媽的靠山，從容面對一切變化

面對即將到來的孩子，有的準爸爸在興奮之餘，也會升起對自由對青春歲月的無限緬懷之情，緬懷之餘難免會心有戚戚，如果再同時面對經濟壓力以及準媽媽的情緒敏感、暴脾氣等情緒病毒，有的準爸爸也難免會患上「產前憂鬱症」。所以說，當妻子懷孕，準爸爸的內心成長也要開始了，當面對孕媽在心理上和生理上的各種變化，準爸爸們需要更溫柔地肯定她，用心撫慰她的不安。

更溫柔更體貼

孕期的檢查基本上每月都有，準爸爸盡量要陪同妻子一起出行，這不僅能使妻子感到踏實，還能和妻子一起了解胎兒的發育情況，如果有什麼困惑，還可以和醫生以及其他家屬一起溝通。生活中的大小事以及下廚等家事，免不了也要落在準爸爸的肩上，當妻子的肚子越來越大，準爸爸需要承擔的事情也越來越多，這些都需要你內心足夠的強大。

做準媽媽的好助手

隨著身體以及生活的變化，準媽媽常常會出現「變傻」現象，比如會忘記一些重要的事情，或者話講到一半就忘記了，這可能會使準媽媽很焦慮。這時需要準爸爸多用一點心，將產檢等重要事項事先在手機上排好行程，或者為準媽媽們製作一些貼紙或者便條紙，貼在冰箱或者其他準媽媽會注意的地方。這些措施都會讓準媽媽感覺到你無處不在的愛。

做個學習型的父親

知識就是力量。誰都不是天生就會當父母的，很多職業都需要職前訓練，可是父母這項重中之重的人生工作卻沒有人來培訓我們，這就需要我們自學或者努力尋找學習的途徑。很多父親都容易忽視教育，認為自己只要為家賺來足夠的錢，將自己的事業經營好，就一切 OK 了，認為教育小孩是媽媽要做的事情，這樣的父親沒有教育的責任意識。有的父親認為教育那是自然而然的事情，對於教育沒有概念，沒有目標，沒有方法，這些都是一些父親的教育誤區。因此，當好父母除了以身作則之外，還要多多學習，這是一項終身的工作。

小提示

很多父親都容易忽視教育，認為自己只要為家賺來足夠的錢，將自己的事業經營好，就一切 OK 了，認為教育小孩是媽媽要做的事情，這樣的父親沒有教育的責任意識。有的父親認為教育那是自然而然的事情，對於教育沒有概念，沒有目標，沒有方法，這些都是一些父親的教育誤區。

第三章‧‧做個快樂的孕媽咪

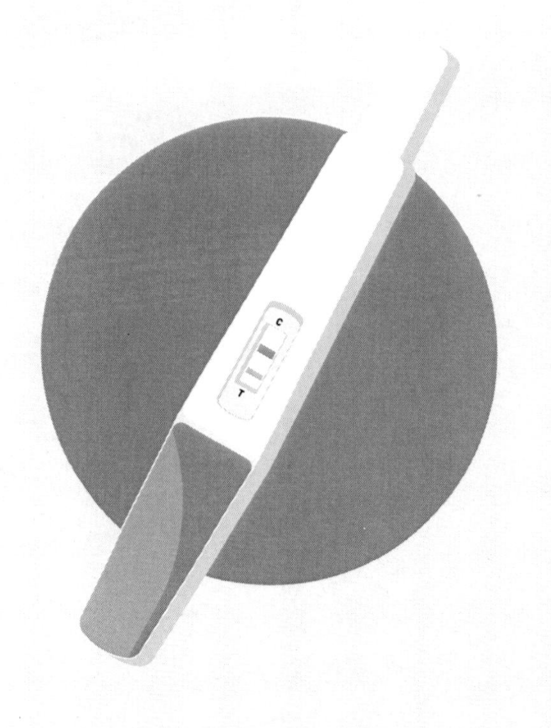

孕媽咪心情好，才能孕育優質寶寶

早產，是所有孕媽咪們最不願面對的事情。早產不僅與孕媽咪的身體狀況有很大關係，還與心理因素休戚相關。如果孕媽咪過於緊張、焦慮、憂鬱，就有可能增加早產的風險。

林達就是這樣失去了自己的孩子。她在沒有準備的情況下懷了孕，在懷孕初期，因為出現全身乏力，特別容易睏倦的症狀，她以為自己感冒了，就服用了兩顆感冒藥。直到後來月經拖了好久沒來，她才產生懷疑。知道自己懷孕後，她一方面捨不得孩子，另一方面又擔心自己吃的藥會不會對孩子造成什麼可怕的影響。雖然醫生說不會有大礙，但是畢竟醫生不會百分之百保證。林達一方面研究孕期的衛教資訊，一方面開始了無止盡的擔心：現在一家就一個孩子，萬一將來唇裂或者畸形，我是要還是不要呢？萬一孩子先天殘疾，就算我能接受，老公能接受嗎？就算老公能接受，還是要帶孩子去看醫生吧……如果孩子……那我還不得操心一輩子……

她越想越緊張，越想越害怕，而越不希望這樣往壞處想，頭腦卻不聽指揮，非要往這方面想，最後進入了強迫性的思考狀態。終於，在林達三個月的時候，胎兒主動離開了媽媽的身體。

人的情緒與大腦皮層、邊緣系統和自律神經關係密切。情緒的變化會引起生理上的變化，許多疾病都與患者的情緒有關，而孕媽咪的心理狀態對胎兒的影響更為敏感。當孕媽咪的心情開朗、情緒穩定時，血液中有利於胎兒健康發育的激素和化學物質增加，胎兒的活動便更加有規律性，促進胎兒神經系統發育。相反，孕媽咪的情緒悲傷或恐懼，會增加血液中有害神經系統和心血管系統的化學物質，引起腎上腺激素分泌過多，可能導致兒童頜骨發育不全造成腭裂。有的還可能會造成胎兒早產，甚至胎死腹中。因此，孕媽咪在懷孕期間，一定要注意保持心態的愉悅和穩定。

選擇性注意

早在劉向的《列女傳》中就曾記載過周文王的母親太任在懷孕的時候所注意的「胎教」：「及其有娠，目不視惡色，耳不聽淫聲，口不出敖言，能以胎教。」也就是說，我們在懷孕的時候，各種感官盡量不要接收垃圾資訊，不要接收那些令我們感覺到重大刺激的資訊。相反，我們的視、聽、觸、味、嗅各種感官要多接收一些美好的事物，如多看帥哥美女的照片，聽優美動聽的曲子，多去美麗的大自然散步等等，這些都是為了保證孕媽咪能接收到品質更好和效果更佳的資訊，從而保證胎兒在母體內的健康成長。

創造情感支持

孕媽咪作為一個特殊的社會族群，本身需要來自家人，尤其是老公的情感支持。但是如果家人真的顧不上自己，我們也不要計較，一定要鑽牛角尖，只會造成自己的困擾。自己可以在周圍的環境裡，主動認識新朋友，學會尋找幫助，享受依賴他人的美好。但同時不要以為自己是孕婦在家裡就可以「挾天子以令諸侯」，除了索取愛，也同樣需要付出愛。

學會放鬆

孕媽咪平時要注意自己心性的調節，除了多散步之外還要學會一些放鬆的方法。如當情緒不穩定時，可以洗個熱水澡，睡前喝一杯牛奶，或者在網路上找催眠音樂對自己進行催眠，還可以躺在床上，從頭到腳，放鬆各個部位。總之，放鬆的方法有很多，可以選擇那些適合自己的方法來經常使用。

尋求專業的心理治療

如果我們在意料之外受到了精神上的重大打擊或者創傷，或者像林達一樣患上了強迫症，長期處於焦慮、恐懼的狀態中，一定要尋求專業的心理治療，以防更加傷害身心的事情發生。

小提示

當孕媽咪的心情開朗、情緒穩定時，血液中有利於胎兒健康發育的激素和化學物質增加，胎兒的活動便更加有規律性，促進胎兒神經系統發育。相反，孕媽咪的情緒悲傷或恐懼，會增加血液中有害神經系統和心血管系統的化學物質，引起腎上腺激素分泌過多，可能導致兒童頜骨發育不全造成腭裂。有的還可能會造成胎兒早產，甚至胎死腹中。因此，孕媽咪在懷孕期間，一定要注意保持心態的愉悅和穩定。

做自己情緒的主人

懷孕期間，孕媽咪們可能因為生理原因，可能因為工作成就感喪失，可能因為不方便社交導致的自我封閉，可能因為擔心經濟問題，可能憂慮胎寶寶的健康等原因而造成失落、憂鬱、焦慮、易怒等多種不良情緒。而這些負面情緒不僅會影響孕媽咪的身心健康，對胎寶寶也十分不利。因為胎寶寶生長發育所需的營養成分，是由母親血液循環透過胎盤所提供的，母親的情緒變化會影響營養的攝取、激素的分泌和血液中的化學成分，孕媽咪的不良情緒可能會增加寶寶在未來發育過程中的風險。因此，為了自己和孩子，孕媽咪們一定要學會對自己的情緒負責，並且管理好情緒。

體察自己的情緒

當自己感覺心裡不舒服的時候，要提醒自己：「我現在的情緒是什麼？」如果妳對老公熱衷於看球賽而不是陪伴妳，大聲斥責他沒有爸爸的樣子，問問妳自己，我為什麼訓斥老公？訓斥老公前自己是什麼感受？如果妳覺察自己很多次都因為老公冷落自己而生氣，妳就可以針對自己的生氣而做出更好的處理。如果是因為自己在情感上很孤獨，所以對老公過於依賴，因此造成的責怪，妳可以針對「如何讓自己變得不孤獨」來下功夫，而不會只依靠老公這個管道來支撐自己。

有些人覺得負面情緒很不好，不應該有負面情緒，因此不肯承認自己有負面情緒，或者當負面情緒上升時拚命壓制它。這些做法都是對身心健康很不利的。情緒只是表達自我內心世界的一個風向儀，它只是提醒我們需要做些什麼，給我們一個信號。承認負面情緒，面對自己的負面情緒，是情緒管理的第一步。

智慧地表達自己的情緒

當內心存在負面情緒時，人會透過批評和指責對方的方式來進行溝通，結果往往造成兩敗俱傷的局面。表達自己的情緒，有一種叫「溫度讀取技術」的溝通技巧可以借鑑，其內容包括五個方面：

1 欣賞和感激
2 憂慮、擔心和迷惑
3 抱怨以及解決的途徑
4 新的資訊

5　希望和夢想

針對上面的例子，孕媽咪可以對老公做以下的溝通：

1　「我知道自從我懷孕後，你為我做出了很多的改變，包括做飯、陪我散步。」當然，這裡只是拋磚引玉，你可以列舉生活中更具體的例子，自然地溝通是最佳狀態，這有助於增加與對方的親密感和信任，能更有建設性地應對焦慮的問題。

2　「看到你這麼迷戀球賽，我擔心你對它的興趣會不會超過我和寶寶。」這樣直接承認自己的憂慮、擔心，用不指責對方的語氣，會在不啟動對方的防禦機制下，讓對方幫助我們解決這些疑惑的問題。

3　「過去我沒懷孕的時候，有同事和朋友，現在我整天一個人在家裡養胎感覺很孤單，好不容易等到你回來，可是你卻不和我說話，整晚都在看電視。這讓我感覺很失落，也很生氣。我希望你能有更多的時間回家陪伴我。」當我們向別人承認自己的感受，而不是將憤怒發洩到別人身上，就會管理好情緒，也可以從他人那裡獲得更加直率、坦誠和支持性的回饋，為妳的情緒承擔一份責任。

4

「網路上都有關於球賽的影片，你沒有必要占用回家的時間來看現場轉播。或者你可以在我十點睡覺後的時間看球賽。」提供的這些資訊，也是一些建設性的意見，很可能是對方沒有想到的，但卻是妳可以接受的。有些人以為自己知道的資訊別人也知道得一清二楚，而這樣的假設往往會帶來溝通上的困難。

5

「我希望你回家後的十點前，都能陪伴我，我們能一起做些快樂的事情。」如果妳不能清楚地用語言表達出來妳的願望，那這個願望幾乎沒有實現的可能，一旦妳表達了出來，就會有很多達成的機會。

相信如此表裡一致的溝通，能讓我們充分表達自己的負面情緒時，既不傷害別人，也可以成全自己，獲得良好的親密關係和人際關係，最終幫助孕媽咪調整好自己的情緒，成為掌控情緒的主人。

小提示

情緒只是表達自我內心世界的一個風向儀，它只是提醒我們需要做些什麼，給我們一個信號。承認負面情緒，面對自己的負面情緒，是情緒管

理的第一步。

主動溝通，不要在迷惑中假設

迷惑、猜忌、以己之心度人，如果往好處想還好，一旦向負面思考，就容易造成相互理解上的誤差和誤會，結果讓人徒增煩惱。一個叫朱朱的朋友在通訊軟體上和我探討一個問題，就是她怎麼也想不明白一件事情，為什麼老公不願意把自己懷孕的消息告訴自己的公婆？我將她的困惑整理了一下，大致如下所述：

我懷孕兩個月了，這是我們備孕半年多之後的喜訊，公婆也一直希望我們早點有孩子，可是老公知道我懷孕的消息以後卻怎麼也不肯告訴公婆。

我真的想不明白，我一知道這個消息的時候，恨不得將我的親戚朋友都通知一遍，和大家分享我的喜悅。老公卻說要寶寶是兩個人的事，沒必要到處說，這我理解，可是他連一直盼著抱孫子的自己的父母都不告訴，就讓我怎麼也想不明白了。他說家裡奶奶需要照顧，可是讓公婆知道我懷孕和照顧奶奶衝突嗎？就算公婆知道了會想過來照顧我，那老家還有三個叔叔和三個姑姑呢，奶奶不可能沒人照顧啊，況且我也沒想讓他們來照顧我。我只是想讓他們高興，這有錯嗎？越想越傷心，難道是老公不想要這個寶寶嗎？怎麼會這樣呢？老公這樣做正常嗎？

朱朱的老公為何不願把她懷孕的消息告訴給妳的公婆？這個問題很容易解決，就是去問朱朱老公本人就可以了。除了他，誰能給她答案呢？

朱朱想不明白老公的想法，各種假設也都一一排除了，還是很困惑，於是她開始了假想，懷疑老公的作法不正常，懷疑他不想要他們愛的結晶。

透過朱朱的這段描述，可以看到朱朱需要注意的兩個部分。第一是不肯去做主動積極地溝通；第二是用自己的角度想像事情的發展。

朱朱對從老公那裡接受到的資訊感到迷惑甚至是憂慮，當得不到充分的資訊，為何不繼續問呢？為何不把自己憂慮的事情說出來讓他澄清呢？朱朱的溝通卡在了困惑這裡，於是開始了想像。很多誤會就是在這個環節產生的，很多流言也是在這個環節滋生的。

如果不直接溝通，而用想像來解釋對資訊的困惑，很容易陷入一個「先假設，後尋找證據證明假設正確」的困境裡。比如朱朱懷疑老公不想要這個寶寶，慢慢會透過他的各種資訊來證明他確實不想要這個寶寶。這樣陷入自我想像裡的人就失去了了解真相的機會。

當對資訊產生困惑的時候，為何創造一些假設和懷疑而不是直接再深入溝通下去呢？這源於我們深層的恐懼，恐懼面對自己的愚蠢、孤獨和不被愛。

我們之所以停止了繼續溝通，很大程度上是害怕被對方驗證了自己的這些恐懼。可是，如果假想得不到對方的澄清，我們就會長久地陷入這些恐懼裡，這些恐懼就牢牢地抓住了我們，折磨著我們，讓我們持續地陷在自我愚蠢、孤獨和不被愛的感受。

要想早日解脫，最直接有效的辦法就是表達自己的憂慮和困惑，讓對方去澄清，彌補資訊的不確定性。這樣，我們才能更深入地了解自己和他人。

需要注意的是，當提出自己內心的困惑的時候，盡量使用第一人稱「我」做開頭，而非「你」做開頭。如果使用「你」做開頭，容易把溝通引向指責和抱怨，這樣容易激起對方的防禦，產生衝突。試著比較一下「你」和「我」的不同表達方式：

方式一：你為什麼不讓我把懷孕的事情告訴別人？你是不是不想要這個寶寶？你覺得你的反應正常嗎？

方式二：我感覺很奇怪，不知道為什麼你不讓我把懷孕的事情告訴別人？我甚至想說難道你不想要這個寶寶？我感覺你的這種反應不太正常。

如果朱朱對老公分享了自己內在的憂慮和擔心，老公也會回報她以真誠和直率。當她把自己困惑或者恐懼的問題表達出來，如果朱朱能以「分擔問題」的態度繼續良性的溝通，那麼他們的關係會隨著這個問題的共同承擔而更加親密。透過提供給老公最佳的解決方案和支援，他們就共同脫離了恐懼的困擾。

想知道他為何有那樣的行為，就去問當事人啊！問題出現，不是給我們的親密關係製造障礙的，而是促進我們更加親密的！

小提示

我們之所以停止了繼續溝通，很大程度上是害怕被對方驗證了自己的這些恐懼。可是，如果假想得不到對方的澄清，我們就會長久地陷入這些恐懼裡，這些恐懼就牢牢地抓住了我們，折磨著我們，讓我們持續地陷在自我愚蠢、孤獨和不被愛的感受。

擁有自己的快樂之道

在生活中，我們往往因為別人沒有達到自己的需求而不快樂。對於孕媽咪來說，很容易因為老公沒有滿足自己的情感需求而傷心難過。這樣的情況非常普遍，我們該如何看待這個問題呢？我們還是先聽聽小柳的傾訴吧。

老公是球迷，什麼球都喜歡看，懷孕前，我也懶得計較，有時候被老公哄哄也就過去了，可是懷孕後，老公還是這樣，我現在比較嗜睡，回家後就只想安靜地睡覺，可一有球賽，老公就興奮得不行。

這幾天感冒，醫生不打算開藥，說可以喝點姜湯，我就讓他去幫我熬，我喝完想睡覺，可是他一直在看球賽，一直等到十點，他突然對我說：我忘記熬姜湯了，妳還要喝嗎？當時我眼淚就止不住了，我想，別人懷孕生病之後，老公都是哄著吃藥，我從小不吃薑，可是為了寶寶，我還是強忍著喝姜湯，看看他，一看球賽，就什麼都忘記了。雖然老公保證這種事情不會再發生，但我知道，這種保證不會超過一個月，我真受不了。家裡的電視每次打開，都是體育節目。

我們兩個都是北漂族，家裡人是指望不上，可是現在，連老公都這樣，懷孕三個月，我都瘦了三公斤了，天天吃不到說好要煮給我吃的東西，當時醫生還說寶寶不健康，我心理壓力大，可是現在寶寶穩定了一點，老公卻這樣，雖然只是小事，但我還是很傷心，難道我和寶寶都沒有足球重要嗎？

小柳老公對足球的興趣已經持續很久了，而她過去對此懶得計較，但現在卻變得無法忍受。似乎造成小柳情緒差的「罪魁禍首」是足球，這是真的嗎？實際上它只是個替罪羔羊而已。

小柳剛懷孕，吃不下東西，又面臨著醫生說寶寶不健康的心理壓力，她只是需要老公更多的陪伴和關心，來分擔自己的壓力而已，而這個時候老公將一些精力都放在了足球上，這讓小柳產生了對足球的嫉妒：難道我和寶寶還比不過你嗎？這種挫敗感壓倒了小柳，使她對老公看足球而不看她產生了嚴重的負面情緒。

男人和女人是不同的，男人不可能體驗到女人孕期的種種感受和壓力，即使他了解一些，也不可能經常注意到，女人不講清楚自己的感受，男人很難體會，而如果一個男人明白了女人的感受，他會做出改變的。

小柳如果想得到老公更多的愛、理解和支援，需要在尊重老公的基礎上平心靜氣而又坦誠地說出來，而不要將情緒都對準在老公對足球的喜歡上，這會很容易使自己的需求表達得不夠準確，並且容易傷害老公的自尊心，讓他感覺到個人的空間受到侵犯。這時候即便讓他放棄足球來關注著小柳，他也會心存遺憾。小柳能夠尊重他對足球的興趣，這是小柳夫妻有效交流的前提，之後不帶抱怨和指責地提出自己的希望和需要獲得的東西，才能讓小柳的老公更容易接受。

在人際關係上有個黃金法則，即：你對別人好，你沒有權利要求別人對你好；你愛別人，你沒有權利要求別人愛你。這個黃金法則告訴我們，自己的快樂不要建立在別人對自己的態度上，否則自己容易感到失望和痛苦。小柳老公看足球是他的快樂之道，小柳自己也要找到自己的快樂之道，夫妻兩個人的快樂就可以齊頭並進，互不干擾；或者找到夫妻兩個人共同感興趣的東西，一起快樂。不論用何種方式，夫妻二人都需要為彼此留有獨自快樂的空間。

孕期的姐妹都需要很多的關心，這是可以理解的，但是讓老公完全放棄自己的個人空間來照顧自己是不現實的，因為當他不快樂時必然也會影響到妳。學會讓自己快樂，學會不帶抱怨地求助，是小柳解決情緒的根本之道。

小提示

你對別人好，你沒有權利要求別人對你好；你愛別人，你沒有權利要求別人愛你。這個黃金法則告訴我們，自己的快樂不要建立在別人對自己的態度上，否則自己容易感到失望和痛苦。

平衡對老公的依賴感

在孕期關係中，孕媽咪們普遍對老公的滿意度不高，最容易抱怨的人就是自己的老公。只要孕媽咪們一聚在一起，就能聽到這樣那樣的抱怨聲。前幾天，一位語速飛快的朋友小雅向我傾訴了兩個小時她的委屈，都是和自己的老公有關。

這段日子，我一直在和老公鬧彆扭——因為最近他一直都在「忙」！到底忙什麼呢？除了工作，就是應酬，每天都是早出晚歸的，剛開始我還可以理解，畢竟是工作需要嘛，但是後來就忍無可忍了，把一個孕婦放在家裡算什麼呀。有一次晚上十一點的時候我打了電話給他，問他為什麼還不回家，他居然理直氣壯告訴我他在打牌。當時我就生氣了，委屈多時的情緒一下子發洩出來。電話那頭，他比我還激動——「吃完飯大家就想去打個牌，就多玩一下，妳至於這樣嗎？明知道自己懷孕還吼什麼吼呀，不怕嚇到寶寶呀！」

這一說，我的火氣更大了——「你還知道我懷孕呀，你就是這樣對待孕婦的嗎？整夜都不回家，天天如此，就你忙，就你應酬多，對你來說是不是應酬要比我和寶寶重要呀？那你以後和應酬過日子算了！」誰知道那頭電話直接掛掉了，眼淚一下子不爭氣地掉了下來，一個人在房間裡哭了很久。

老公以前不是這樣的，自從升遷以後應酬變多了，脾氣也變壞了不少，難道說他不愛我和寶寶了嗎？

由於懷孕關係，很多女性放棄了工作；由於身體的原因，她們也漸漸退出了懷孕前的社交圈，身體上的不適與越來越狹小的生活空間，造成準媽咪身心都受到壓迫的處境。這時候，老公很容易成為這個狹小空間的精神依賴，孕媽咪對老公的依戀漸漸地增強，而這位朋友目前就處於這樣的狀態中。

而小雅的老公，剛好才升遷不久，工作的壓力以及相應的應酬也突然增加了許多，可以說，他也正處於身心俱疲的狀態中。

這時候的他回到家中，需要的是放鬆和撫慰，而小雅，需要的是他的更多精力來撫慰自己寂寞的心，兩個人都需要愛的滋養，但還想爭奪對方手裡的那一點點「食物」，結果可想而知。由於給不了彼此所需，小雅的老公選擇去外面尋找，小雅則在家委屈哭泣。

老公回家的時候，是「要」比較多，還是「給」比較多呢？當然，小雅可能會很委屈地說：我如此需要照顧，哪有「給」的本錢？其實，妳的耐心傾聽，妳的不抱怨，妳能好好照顧自己，就是最好的「給」。如果一個在職場上身心俱疲的男人回到家，還要面對妻子的不滿、指責和挑剔，那他會慢慢選擇外面能安放身心的地方，這也是有的男人在妻子孕期容易出軌的一個原因。

而小雅，該如何拓展自己的生活空間，找到新的社會歸屬感，讓自己的孕期生活豐富起來，這是最重要的，這樣小雅就不會那麼依賴本身就想「要」的老公。

平時的活動範圍雖然不大，但可以在社區裡、網路上認識孕媽咪，或者已經當了媽媽的人，結交新的朋友，為寶寶的出生做準備，也滿足自己需要的歸屬感；

想想自己的興趣愛好，能否在身體力行的情況下追求，比如音樂、電影、十字繡等等，自己豐富自己的內心世界，讓一個人在家的日子也過得有滋有味；

邀請親人來住一段時間，這樣不僅可以陪伴自己，也可以打破在情感上只依賴老公的局面；

……

想想看，除了老公陪伴，還能做些什麼讓自己開心？

「把一個孕婦放在家裡算什麼呀？」注意小雅的話，她已經完全把自己放在了老公附屬品的位置上，如果自己的快樂與否全都依靠丈夫的恩賜，那自然處於非常被動的局面。老公滿足了小雅，她就快樂，如果滿足不了，她就會失望悲傷。如果我們的快樂都依靠外界的賜予，當然不穩定、不安全、不滿意了，因為外界不可能時時刻刻百分之百滿足我們所有的需求。

先用愛把自己餵飽了，自己很滿足、很幸福，有能力給老公愛，家庭才會對他產生吸引力。不要在他需要愛的時候索要愛，他不僅給不出，還會逃避。小雅在非常孕期，而他的老公在非常職場期，要知道，他也「餓」著呢。

小提示

如果我們的快樂都依靠外界的賜予，當然不穩定、不安全、不滿意了，因為外界不可能每時每刻百分之百滿足我們所有的要求。

別把懷孕的自己當「國寶」

很多孕媽咪會有這樣的體會，當一懷孕，自己在家庭中的地位立刻像熱氣球一樣不停向上升，自己成為了全家人的中心，成了倍受呵護和疼愛的對象，這種感覺確實不錯，不過，這也很容易把孕媽咪們給慣壞。

你看，抱怨老公對自己關心不夠的孕媽咪們比比皆是，麗雅就是很典型的一個，她現在對老公是極度失望。接下來，來看看她的心裡話吧！

「懷孕了，以為家人會把我當『國寶』，尤其是老公，可是事實上，我不太有這種感覺。剛確定懷孕消息的時候，我迫不及待地把喜訊告訴了老公，可人家的反應並不是我想像中的那麼激動，自己安慰自己說可能只是他一時還沒做好準備。

現在，老公只是為我做做飯而已，還是在我的一再要求下，總感覺這種關心和照顧是我死乞白賴爭取來的。怎麼會這樣，和我預想的都不一樣。我讓他幫我查查我現在需要注意些什麼，怎麼補充營養，怎麼做胎教，他不是敷衍了事，就是讓我自己去看。我說我噁心想吐，他覺得我太誇張，說我走火入魔了，老是提這件事。

我以為他會因為我懷孕變得體貼了，可是一點也沒有。我總覺得他不能理解我，不體諒我的心情。媽媽和婆婆對我倒是很不錯，但是我最希望的是得到老公的呵護和照顧。現在我明白了，夫妻之間是不能完全相互理解的，還是得靠自己。唉！是我的要求太高嗎！」

麗雅的失望在於她事先有了一個假設，即：家人應該把我當成國寶。可是關鍵人物老公沒有給她這樣的感覺，因此讓她感到失望。從根本上來講，沒有人能讓我們失望，麗雅只是講了一個別人不能滿足自己的故事，然後讓自己失望。如果我們做事之前不要設定太高的目標，就不會那麼容易失望，俗話說：有希望才有失望嘛！如果麗雅能把自己從「國寶」的位置上降低一些，或許就能更容易感覺到老公的關心了。如果自己的要求太高，那麼，除了「國寶」級的照顧都很難入麗雅的眼。

被關心，是女性心理上的第一訴求，尤其在懷孕後，很多姐妹的自寵心都會有不同程度的提升，需要關心的被動值也一下子提高了很多，而當一個人的主動值和被動值嚴重失衡的時候，心裡就會失去平衡，煩惱和痛苦就會產生。

因此，只要麗雅加強主動關心他人的想法，心態自然就會好轉。要知道，並不是因為自己懷孕就理所應當成為世界上最需要被關心的人，周圍的家人和朋友都有著彼此不同的生活境遇，同樣有被關心的需求。普通人的模式通常是向別人索取愛，卻不願意付出愛，但是，老公的愛也是有限的，他也有獲得的需求。得到和付出，同樣是平衡的關係，先付出關心，自然也會得到關心。

當麗雅向老公討要關心，這種逼迫之感只會讓他越來越被動，而出於被動付出的關心對麗雅來說又有何意義呢！只會讓她越來越失望而已。因此，麗雅必須斬斷這不良的循環，讓老公釋放他的主動關心，這樣，她才會覺得舒服。

說實話，這個社會裡的男人也很不容易。雖然決定生孩子對女性的影響更大一些，但是男人也同樣需要在適應工作與做父母之間找到平衡。女性往往會優先照顧孩子而影響工作，而男性往往會優先照顧工作而影響親子關係。雖然現在社會上，男人的親子互動時間比過去的時代增多加了一些，但是男人畢竟還是以工作為主的。大部分工作場所都開啟了男性的工作狂模式，而這種模式再加上新增的家庭責任感的鞭策，使男人的壓力倍增。因此，孕媽咪也需要體諒自己的男人。

很多時候，夫妻之間都是因為溝通不暢而傷害感情。接下來和朋友們分享幾個溝通上的小技巧，熟練運用會改善你們的夫妻關係。

多說「我們」，少說「我」

比如，妳想請老公陪妳去超市買嬰兒用品，妳可以說：「我們一起為寶寶準備一點出生後用的東西吧。」比較一下另一種說法：「你陪我買點寶寶用的東西。」明顯第一種是邀請，而第二種是強迫。老公聽起來的感受肯定是不一樣的。

低頭說話

當妳需要他關心妳的時候，注意不要仰頭溝通，人在指責、批評的時候很容易將頭揚起，結果就越來越控制不住自己，最後不僅造成溝通的失敗，還會傷害彼此。妳可以向他索要關心，但是這個時候注意低頭說話，體驗一下，妳就會感覺到自己即便有火氣，低頭也會讓自己平靜下來。妳在姿態上「被動」，就會換來老公主動的憐愛。

表達性自述

表達性自述指的是不要和老公面對面，眼對眼的溝通，而是自言自語，但是注意聲音要清晰，以能讓老公聽到為宜。注意不重複，不要問對方聽到了沒有。這樣的溝通不會和對方建立對話，給對方充分的自由，當對方感覺舒適的時候，對於一些要求也會比較容易接受。比如，當妳老公看電視的時候，妳可以坐在他附近自言自語：「還是公園空氣新鮮，要是週末有人陪我去公園就好了。」相信只要妳老公聽到後，會考慮一下妳的請求。

以上都是針對妳目前狀況的一些建議，多去運用，從自身改善溝通方式，相信妳老公也會隨之改變。

小提示

被關心，是女性心理上的第一訴求，尤其在懷孕後，很多姐妹的自寵心都會有不同程度的提升，需要關心的被動值也一下子提高了很多，而當一個人的主動值和被動值嚴重失衡的時候，心裡就會失去平衡，煩惱和痛苦就會產生。

開發自己照顧自己的潛能

很多女孩，從小在家人的百般呵護下長大，甚至連最基本的家事都不會做，養成了一切以自我為中心的習慣。可是當懷了孕，夫家的家庭涉足小家庭，這些當了媳婦的孕媽咪們還不能很好地找到自己的角色定位，於是煩惱心起，抱怨聲來。下面這位叫明明的孕媽咪寫了一封郵件給我，訴說的就是這樣的煩惱。

我的家庭收入一般，目前和公公婆婆同住。婆婆來自農村，做家事沒問題，但是不會煮飯，基本上每天的飯菜就是白麵條、小米粥，要炒菜就是馬鈴薯、白菜、蘿蔔、花椰菜、甜椒。萵筍、芹菜、豆腐、木耳基本上沒在我家飯桌上見過，因為婆婆不吃。我懷孕以後飲食也是如此，我早上六點出門，晚上八點到家，在家只吃一頓晚飯。魚和蝦在懷孕後我就沒見過，她不會處理。我現在營養不太好，懷孕六個多月了胖了四公斤，每天就靠營養片在支撐，想吃甚麼就回娘家解饞。我老公一點家事都不會做，餓了只會煮個冷凍水餃。

基於此情況，我堅決要求找月嫂，保證我的月子品質，但是雙方父母激烈反對，我老爸認為不必花這個錢，月子裡沒那麼多事需要照顧，那麼多人都沒請，一樣出了月子，說我太嬌氣。我婆婆承認她不會照顧人更不會照顧月子，但是她準備把老家的阿姨叫來照顧我，阿姨在農村剛剛照顧完自己女兒的孩子，有經驗。我認為她也沒什麼經驗，反正都是婆婆那樣的。我該怎麼辦呢，他們如此反對，我還要堅持嗎？

各位朋友，你讀了明明的郵件，有什麼感受呢？

我理解明明的想法和推斷是這樣的：因為婆婆做飯菜的花樣有限，因而導致自己營養不太好，懷孕六個多月只胖了四公斤，因而妳懷疑婆婆不能照顧妳的月子，甚至懷疑老家的阿姨在觀念以及經驗上也沒有能力給她一個高品質的照顧。

但是，明明「早上六點出門，晚上八點到家，在家只吃一頓晚飯」，並且，當很

想吃什麼的時候還能「回娘家解饞」，顯而易見，早餐和午餐以及週末的有些飲食她都可以自由選擇。那麼，造成明明營養不良以及「懷孕六個多月了只胖了四公斤」的責任不能怪在婆婆晚飯的「做飯菜的花樣有限」上。

「因為婆婆不吃」，所以就沒做明明想吃的菜，那明明是否主動要求和溝通過呢？或者買回來一起思考怎麼做呢？還是心裡不滿，一直被動接受？希望孕媽咪們都學會主動去溝通，變抱怨為請求。

「老公一點家事都不會做，餓了只會煮個冷凍水餃」，那是否可以說，他的可開發潛能是不是更加巨大呢？即便老年人觀念落後，那麼年輕人的學習力和接受新鮮事物的能力是不是更強一些？明明放著現成的資源沒開發啊！現在教大家煮家常菜的書籍、電視節目、網路資訊遍地都是，隨便透過哪種管道來學習和實踐，也不是什麼難事。

除了婆婆和老公可以繼續開發之外，還有一個最大的資源，就是明明自己。我不知道明明是否會煮飯，為何指望婆婆、老家的阿姨或者月嫂，而不是自己豐衣足食呢？月子期間行動不便，但是現在懷孕期間，為自己做一道喜歡吃的菜也不是什麼辛苦的勞動吧？

明明現在和婆婆公公同住，月子的時候阿姨還可能趕來，老公可能也會幫一些忙——明明有如此多的資源，卻沒有好好地一個個去開發，只是因為婆婆做飯花樣有限，還要去外面搬救兵——尤其在家庭收入一般的情況下，這確實有些浪費資源。

為了獲取資源，我們一定要有所付出和交換的，月嫂的服務需要明明不菲的資金來交換，而手上掌握著那麼多可以開發而且不需要去交換的資源，這樣的便宜竟然還不撿！

明明現在對婆婆的照顧不太滿意，但是，婆婆有照顧的責任和義務呢？抱怨和指責不僅會讓自己心生怒氣，也會讓整個家庭充滿了不和諧感。各位孕媽咪朋友，切記懷孕和坐月子的時候要心平氣和，情緒穩定對自己和孩子都至關重要。而知足、感恩的心態會對大家都有益處。要知道，並不是所有的女性在懷孕期間都能得到長輩的幫助的。

即將身為人父人母，如果生活自理依然還需要長輩，「餓了只會煮個冷凍水餃」的話，不知道明明夫妻二人將來如何培養孩子的獨立性和生活自理能力。將來孩子有了孩子，是否還會遇到和明明同樣的煩惱：是請長輩幫忙呢，還是請個月嫂？

小提示

對於缺少生活自理能力的準父母來說，在未正式上任父母之前，需要盡快提高照顧自己的能力。否則，又有什麼能力面對一個更加弱小的生命呢？難道父母能幫助我們一輩子嗎？

職場孕媽咪的得失之道

據某健康網站調查顯示，百分之八十的孕婦都會出現憂鬱和焦慮的狀況，尤其是在職場中獲得了很多價值認可的女性，更為容易出現心理問題，這是身體發生變化的情況下，面對工作上的壓力和挑戰時所產生的。

在和很多職場孕媽咪的交流中，我發現職場孕媽咪主要有四類心理問題：

擔心寶寶的健康

由於工作有一定的壓力，而且工作環境也不能由自己決定，孕媽咪們會擔心孩子會不會因為自己運動不夠而不健康，會不會因為自己工作上有了壓力而影響孩子，孩子會不會有兔唇，是該繼續工作還是該辭職……於是，很容易患上產前憂鬱症。

高齡產婦的焦慮

由於忙於工作，很多職場女性都是過了三十歲才開始要生孩子，由於明白自己的身體不是最好的孕育鼎盛期，也知道高齡產婦的種種不利因素，因此，這些媽媽更容易焦慮。

職業生涯的改變

職場孕媽咪們經過自己多年的奮鬥，多少都會在各自的行業中有了一些沉澱，取得了一定的業績。而接受懷孕和生產，意味著多年的經營將受到擱置，在社會發展得如此快速的節奏下，停下一段時間，社會就會有所更新，更有無數人虎視眈眈地盯著自己的職位。自己或者從零開始，或者將來不得不降低身價從低位開始，而那時候的薪水將會很難保持過去的水準，生活水準難免會下降。

擔心身材走樣

職場女性都比較重視自己的儀表，但是懷孕的媽咪們因為身材臃腫不可能再有

往日的風姿。很多女性無法接受這樣的轉變。

下面有一個孕媽咪豆豆的案例，她就因為協調不好工作和懷孕的壓力而處於憂鬱症的邊緣。

自從懷孕以後，就意識到部門主管不僅對我的態度冷淡，在工作上也總是諸多挑剔，有時候他乾脆直接越過我，和我的下屬溝通工作上的問題，以至於下屬也開始不把我放在眼裡，當我是個透明人。這種被人忽視的感覺讓我很難受，我本想早點休假，可是看到孕期的開銷很大，只能咬牙堅持著繼續上班。我現在每天一睜眼一想到要邁進公司的大門，就覺得很有壓力，每天都好像在公司受刑一樣，非常煎熬。這種度日如年的心情讓我覺得很厭煩，想著肚子裡的寶貝一天天長大，真怕我這樣糟糕的心情影響到孩子，我該怎麼辦？

雖然法律上對孕婦的權益設了規定，但是把不注重人文關懷的企業難免會這樣做。女人在懷孕後由於身體原因，使得在工作上不能像懷孕前一樣有精力，這讓孕媽咪在公司裡由於主管和同事有意無意的忽視，造成一種不能與過去相當的低價值感，自尊受挫。

豆豆的矛盾之處在於這種痛苦與經濟問題糾纏，因此可以從這兩個方面去做分析。

很多孕媽咪的痛苦在於懷著孕還想擁有與過去一樣的工作成就感，但是力不從心的現實造成自我的失衡和內在的批判。當有孕在身，工作能力與精力是無法與過去相比的，職場孕媽咪們是否能接納自身的局限性？如果公司是以追求經濟利潤為最重要的價值，缺少人文關懷，妳是否能接納這個工作環境？如果妳認為經濟問題很重要，那麼是否可以在接受以上現實的前提下，主動尋找適合的工作，暫時按照自己的身體條件接受低一些的薪水？等到將來重返職場再調整也不遲。

無論如何，有孕在身的妳還想在職場上保持過去的業績，甚至還要追求更高更快更強，都是一種對自己殘忍的自我強迫。

從經濟方面來說，如果妳早點休假或者辭職造成的經濟損失能有多大？妳自己是否可以透過其他管道來彌補一些？或者控制一下其他方面的生活成本，減少一些不必要的開支？或者妳的老公是否可以在妳特殊時期盡量多承擔一些？除了因為懷孕可能會造成孕媽咪一方失去經濟收入，將來生產住院，孩子的奶粉以及紙尿褲等費用，也是很多白領階層的準父母要提前做好的心理準備。

不論怎麼說，職場孕媽咪現在正面臨著一個需要調整的階段，工作角色以及家

庭經濟狀況難免會受到影響。不過，有失就一定有得，如果把目光放在獲得上，將有助於內心的天空更加晴朗。

豆豆現在和寶寶身為一體，她的情緒和感受對胎寶寶是有影響的，希望像豆豆這樣的職業孕媽咪早日調整好自己的情緒，接納自己的現狀，並盡快做出積極的改變！

小提示

無論如何，有孕在身的妳還想在職場上保持過去的業績，甚至還要追求更高更快更強，都是一種對自己殘忍的自我強迫。

謹慎面對「媽媽經」

一聽說女兒懷孕了，有的老媽抑制不住興奮，多年累積的經驗終於能派上用場了！在家裡，她儼然就是權威，就是專家，就是上帝！指導妳該這樣做，不該那樣做。如果妳沒有底氣地表示質疑，「當年我就這樣過來的，妳不是一樣好好的！」一句話立刻將妳打落馬下。可是，老媽的那一套理論，都是金科玉律嗎？

以下羅列的就是老媽們常見的金科玉律，但是很值得思考。

吃的越多越好，寶貝越有營養

讓妳不停地吃東西，這是老媽對女兒傳授的最普遍的、最經典的招數。但是，大吃特吃的結果很可能造成妳的身體儲存多餘的脂肪，為了將來減肥而大傷腦筋。當然，如果妳敢拿這個理由頂撞老媽，老媽一定會扣妳個「自私媽媽」的帽子。如果妳能讓老媽知道一些有利於孩子的資訊，她才能接受妳的飲食要求：胎兒如果因為母親攝取營養過剩而在母體裡長得過快，很可能變成「巨大兒」，會為寶寶的出生以及未來帶來很多不安全的影響，成年後患有代謝疾病的可能性會增加。

孕期打死都不能吃藥

雖然孕期確實不能輕易吃藥，但是如果老媽將此信念絕對化，是非常沒有道理的。對於一些嚴重的病，不吃藥反而會比吃藥更加危險，有時候疾病對母子兩人的威脅會比藥物更大。一旦病情沒有及時得到治療而拖延，就可能需要服用對胎兒有些副作用的藥物。因此，一旦身體出現了不舒服，記得趕緊去找醫生，當妳說明自己的孕婦身份，醫生會給妳合適的建議。

千萬不能過性生活

老媽警告妳這點的時候，可能還會不好意思，繞個彎說什麼「不要兩個人在一起呀」之類的。對於一些老年人來說，孕期過性生活就相當於犯罪。其實，孕期性生活也不是什麼洪水猛獸，在適合的時間過正常的性生活是沒有問題的。孕早期的幾個月裡，嘔吐、疲勞折磨著妳，大概即便妳不懂此期間保胎最重要，也沒心情去過性生活。當孕早期的不適消失之後，妳終於可以不用擔心，放鬆地享受妳的性生活。

不能吃鹹東西

孕婦都會出現水腫症狀，老媽那裡發話了：「看妳腫的，一定是吃鹽吃多了，不要再吃鹹東西啦！」從此，鹹味的食物就此離開了妳的飯桌，讓妳叫苦不迭。其實，現代的研究證明，水腫與鹽的攝入量無關。因此，除非醫生的建議，否則千萬別聽信老媽的。

哪裡都不可以去

保胎保胎保胎！孩子第一，絕對不能出錯。因此，妳不可以坐火車，更不可以搭飛機，什麼？還想去旅遊？省省吧！妳只要敢提出走出社區以外地區的想法，老媽可能就會這樣回答妳。其實，如果因為工作需要或者想出門旅遊，在孕中期的四到六個月是可以的，當然，為了保險起見，妳最好先諮詢一下醫生，畢竟每個人的具體情況不同。

不可以養小動物

懷孕了，還敢養小狗？趕緊送給別人！老媽也具體說不清養小動物有什麼不好，但是絕對是不能養的。有些人是擔心小動物身上有弓形蟲，擔心會傳染給孕婦，並且透過胎盤傳遞給胎兒。實際上，這種情況發生的機率並不高。如果老媽實在放心不下，你們可以去寵物醫院為妳的愛寵做一個詳細的檢查，如果沒有，就大可以放心了。

不許使用化妝品

化妝品都有毒，妳平時用用也就罷了，現在懷孕了還敢用？當妳想臭美一下的時候，被老媽不小心逮到，妳又落個「不靠譜媽媽」的罪名。其實，孕媽咪也可以使用化妝品，只要保證選擇的是天然原料，這樣可以讓孕媽咪得到更專業的養護，更加自信地度過孕期。

小提示

「孕期絕對不能吃藥」這是一個絕對的錯誤觀念。對於一些嚴重的病，不吃藥反而會比吃藥更加危險，有時候疾病對母子兩人的威脅會比藥物更大。一旦病情沒有及時得到治療而拖延，就可能需要服用對胎兒有些副作用的藥物。

做個會吵架的孕媽咪

在婚姻中，你是這麼近地和原來完全陌生的人生活在一起，由於個人生活習慣、性格等各方面完全不同，兩個人會為了尋找共同的默契而不斷磨合，而吵架則是夫妻溝通和磨合的重要方式之一。

雖然妳已進入孕期，但是你們夫妻二人未必磨合得好，當你們大吵一架，老公氣得摔門而去，妳挺著肚子無助地坐在沙發上，任淚水滑落，心想：這個婚姻還能要嗎？可是肚子裡的寶貝怎麼辦——這恐怕是每個孕媽咪都不願面對的場景。某位

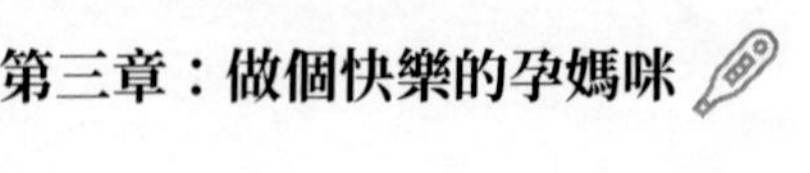

讀者姐妹曾這樣傾訴和老公吵架的心酸點滴，不知道妳是否有同感：

我辛苦懷孕，老公卻還心疼錢

今天，我和老公說到生產住院的的事。我說，必須要挑個有兩張床的單人房，我睡一張床，看護的人睡另一張床。可是價錢有點貴，有廁所的單人套房一天要七千五百元呢。老公說：「根本不值這個錢，醫院太黑了。飯店標準房型才多少錢啊？人家的服務多好啊。」

我說：「醫院收費是貴一點，但是也沒有辦法啊。在飯店有醫生、護理師的照顧嗎？有醫療器材和氧氣製造機嗎？」老公說：「那都是要另外收費的。」

反正說來說去，他就是心疼錢。我不甘心，說：「反正我就要住好的。我就生這麼一次孩子，你還在心疼錢？」老公說：「我不是心疼錢，我是覺得沒必要。反正就住那麼兩天，將就一下。」

為這個，我們鬧得很不開心。我岔氣了，肚子一陣一陣地疼，不知道會不會影響到小寶貝。

——雨天蘭　懷孕週數：二十七週

老公丟下懷孕的我不管，卻去幫別人

還有一個月就要生寶貝了，這個月很不安。不知道寶貝會不會提前到來，每天把待產行李整理來整理去，總是覺得沒有安全感。這些老公從來都不在意，也不去理會，好像懷孕只是我一個人的事情！

昨天晚上，老公吃過晚飯後，說小林叫他去幫忙搬桌椅！小林是個未婚的女孩，和老公認識多年，我很討厭她。老公知道這一點，所以和她聯絡比較少。最近，這個女孩在我家附近租了一套房子，總是要求老公去幫她搬這搬那。對此我很生氣！

晚上七點多，我老公出門了。我雖然不情願，但想想就在附近，也許老公不到八點就回來了。結果到八點半他還沒回來。我打電話給老公，老公在電話裡沒好氣地說，小林在加班，所以還要等。

我一聽就生氣了：「難道你要一直等到她下班嗎？」老公說，那有什麼辦法？我開始大聲警告他：「馬上回來。你沒有這個義務等她。以後再幫她搬。」老公什麼也沒說就把電話掛了。九點，老公傳來訊息：馬上回來。九點半，他還沒回來。我忍不住傳了個訊息去問，老公回的訊息：麻煩死了。

看到訊息，我都氣炸了，渾身發抖。十點十分，老公回來了。我像火山一樣爆發了，對老公連打帶罵。半夜，我們已經平靜入睡了。可是胎寶貝動得好厲害。我這才想起來不應該這樣激動的。恨，我恨老公，恨他不能成熟起來，盡到一個準爸爸的義務！

——笨笨　懷孕週數：三十五週

我懷孕時拜託你先為我考慮，行嗎？

我以為懷孕時，他總會多少讓著我一點吧，沒想到他依然這樣，永遠先為自己家人考慮。

昨天，小姑子來家裡作客。我把零食拿出來請她吃。她一邊吃一邊問，這個多少錢，那個多少錢。吃完了的時候，她說：「這麼貴啊，我可捨不得買。」我的氣不打一處來，好像我花他哥哥的錢她心疼了一樣的。她不知道我懷孕了嗎？不知道我孕吐吃不下東西只能吃點零食嗎？

老公回來後，小姑子照例又開口要錢。好像她哥哥的錢來得很容易，要多少都行。以前她要錢我都忍了。但是現在我懷孕了，需要用錢的地方很多，她就不能收斂一點嗎？

等她走後，我說起她的行為讓人很生氣。老公生氣了，說：「我們兩個的關係就是一張紙。妳自己看著辦。我寧可不要妳，也不能不管我的家人。」我被他的話氣得渾身發抖，這就是那個說愛我的人嗎？

他平時對我那麼好，可是一旦和他家人有矛盾時，他立刻就站在他家人一邊。我到底算什麼啊？

記得過中秋節時，他們一家人來我們這個小房子團聚。那時我剛懷孕，辛辛苦苦為他們一家做飯。當把所有飯菜端上桌以後，他們家五口人剛好把所有的椅子都坐滿了，一家人圍著餐桌熱熱鬧鬧地吃飯，唯獨把我排斥在外。我連個坐下休息的地方都沒有……

那次，我和他大吵了一架。不想說了，眼淚又掉下來了。

——珍珠小丸子　懷孕週數：十五週

經濟問題、家事問題、作息問題、彼此的家庭問題、和異性關係的問題、性格問題……在懷孕這個敏感期，這些問題容易被敏感的孕媽咪擴大化。這樣看來吵架並不是壞事，它代表你們的婚姻在某個細小的地方有問題，這是遲早要面對的問題。而吵架就是解決問題的辦法。發生爭吵是因為想向對方說明：自己對某種方式、某種行為感到不滿。因此，吵架是我們溝通彼此不同的看法的機會，讓彼此更加了解對方的機會。

但是很多朋友並不能借助吵架來增進對彼此的了解，反而在這個問題上存在著很多誤區，使得夫妻之間的溝通埋下更多的隱患。

有的姐妹認為，夫妻兩個不吵架那還叫夫妻嗎？因此，會放縱自己非理性的爭吵。但是，如果帶著怒氣爭吵，往往口不擇言，口不對心。而且越吵越多，吵架漸漸就變成了你們解決矛盾的唯一途徑。

當感到委屈時，有些姐妹們習慣不把委屈說出來，可是這樣只會讓「新仇舊恨」加在一起，最後累積在一起，一接觸導火線就是一次不理智的大爆發。因此，我們不能當受氣包。

「我都懷孕了，你就不能讓著我一點！」這是孕媽咪常使用的藉口。但是如果妳經常這樣「挾天子以令諸侯」，用孩子來威脅別人事事以妳為先，未免有點……確實，懷孕讓妳承受了很多改變和壓力，但是丈夫或其他家人既要照顧妳又要努力地工作也承受了很大的壓力。如果妳總用懷孕來要求別人以妳為中心肯定會引發爭吵。

對比，也是很多姐妹常犯的毛病。「看看別人的老公是怎麼對老婆的！」這句話不知道妳是否常講？越對比只會讓妳丈夫的挫敗感更強，讓妳越覺得委屈。確實，別人的老公有這樣那樣的優點，可是因為妳沒有他們生活在一起，自然也不知道這樣那樣的缺點。不要比較，學會品味屬於妳的那種愛。

那麼，當我們在氣頭上，應該如何處理情緒呢？

堅信一點，對方一定有自己的理由

生氣的時候，都覺得自己是對的，而別人是錯的，但是別人還意識不到或者不承認。但是，每個人都有自己的看法，他之所以那樣堅持，一定有他自己的道理。誰對誰錯真的那麼重要嗎？站在每個人的立場上，都是對的。妳是要對，還是要幸福呢？如果要幸福，就放棄對「對」的執著吧！

不要翻舊帳

我們在吵架的時候往往會因為一件事情而牽扯到很多事情，情緒因此就延伸出去了，一個氣憤的小火苗就容易燃成熊熊烈火。不但眼前的事情得不到解決，而且會勾起過去更多不愉快的記憶。這樣做只會讓你們一直吵下去。就事論事很重要。

謹防惡語傷人

有時候我們為了解氣，會說出惡毒的話語來刺激對方——這就好比妳往人家心口上刺了一刀，對方處於保護自己的本能，很可能給妳更大的傷害。演變到最後，僅僅說說惡毒的話已經無法解氣了，可能只有動手才能解氣。這樣的結果，只會讓你們兩個人兩敗俱傷。事情過去之後，曾經的傷痛卻無法輕易抹去，成為情感上的一道傷痕，為長長久久的歲月留下隱患。

坦誠地告訴對方妳想要什麼

這一條聽起來很簡單，但真正這樣做的人卻不多。因為這需要面對內心的脆弱和恐懼，這需要面對自己的勇氣。有人常說賭氣的話：「既然這樣，那我們離婚好了，那我去醫院拿掉孩子好了……」其實，她不過是想要老公多陪陪自己，服個軟、低個頭。人們常常會用憤怒、哭泣、責罵來表達不滿和內心訴求。有的人會擔心，如果這樣直白地表達出來，會讓對方覺得妳很傻，而且低人一頭。不要怕，坦誠地說出來。因為有時妳會發現，妳不說，他真的不知道妳為什麼生氣。而且有了妳的榜樣，他以後也會這樣坦白地處理不滿情緒。

很多事情其實比妳想像得要簡單。把妳因某事而帶來的直接感受告訴他：「你這樣做，我感到孤獨……」，而不是指責他：「你總是這樣……」試試看吧，你們的溝通會出現轉機。

要知道導火線的背後有更深層的東西

要不要在醫療上多花點錢、為什麼他照顧別人不懂得照顧我……有時事情只是導火線，而炸藥就是平時累積的不滿和隱隱的擔憂。比如，他因為妳買了一件孕婦裝而生氣，也許是他對負擔家裡開銷感到的壓力或者對未來的某種擔憂的大爆發。事情絕不是表面上看到的那麼簡單，等到怒氣過去以後，你們最好談一談，把內心的想法都說出來。

在極度憤怒的時候不做任何決定

如果妳以前喜歡吵架的時候離家出走，現在不可以了。再憤怒，都得留一部分心思在肚子裡的寶貝身上。極度憤怒的時候不做任何決定，這些決定包括：離家出走、向父母哭訴、決定自虐、花一大筆錢、拿掉孩子、找前男友……

妳可以寫封信給自己，怎麼解氣怎麼能報復他就怎麼寫。但是要等到妳平靜下來時才能執行。如果那時妳還想執行的話。

人在情緒比較極端的時候做出的事情，十有八九過後都會後悔。所以，如果妳真的想改變什麼的話，等到平靜時再做決定。

必要的時候要叫停

為了建立良性的關係，你們可以在很融洽的時候彼此約定一個「吵架叫停協議」。這可以是一句話或一個動作，當你們感覺吵架必須停止時就用暗號喊：停！然後真的停住，一切等到明天再說。

這樣做的好處是把怒火在剛剛冒頭的時候就壓制住，趁著那些傷人的話還沒出口，那些暴躁的舉動還沒做出，就停止住。第二天心平氣和的時候，再來討論這件事情，就可以很理性了。

為了讓大家將溝通過程簡單公式化，我特意將良性的溝通步驟總結如下：

步驟1：陳述事件。

「老公，我買了一條新的孕婦褲，但是你卻很生氣，罵我亂買東西。」

步驟2：表達自己的真實感受。

「我感到很委屈，也感覺你有點小題大做。」

步驟3：表達自己深層的需求得不到滿足的恐懼。

「我買新的衣服，也只是想讓自己看上去好看一點，想得到你更多的關注。但是你對我發脾氣，讓我擔心你對錢的在意超過對我的愛。」

步驟4：站在對方的立場。

「也許你可能剛好心情不好，或者感覺經濟上有壓力了，或者有別的我不知道的煩惱。」

步驟5：表達希望。

「如果有什麼壓力或者不愉快，請和我聊聊，我願意與你一起承擔。」

步驟6：表達愛。

「親愛的，我愛你。」

透過以上的溝通步驟，一方面就事論事，表達了自己的感受以及深層的恐懼，同時也站在了對方的角度考慮問題，最後的落腳點還是回到愛上，這樣的溝通，既釋放了自己的消極情緒，同時也展現了善解人意的一面，最終加強了對愛的建設，如果按照這種方式表達自己對配偶的不滿，才不失為客觀理性又積極的「吵架」方式。如果感覺有些話說不出口，可以寫封郵件、傳個訊息或者寫個便條紙給他，總之用對方能感受到愛的方式表達出來就好。

小提示

吵架並不是壞事，它代表你們的婚姻在某個細小的地方有問題，這是遲早要面對的問題。而吵架就是解決問題的辦法。發生爭吵是因為想向對方說明：自己對某種方式、某種行為感到不滿。因此，吵架是我們溝通彼此不同的看法的機會，讓彼此更加了解對方的機會。

調整小家庭裡的錯位之愛

有的媳婦抱怨：「婆婆簡直就是個第三者，不僅和我爭奪老公的愛，還要和我爭奪孩子的愛！」有的老公看似開玩笑地說：「孩子一出生後就成了我們夫妻的第三者，我再也沒有往日的地位了！」請不要小看這些聲音，它們所反應的「錯位」之感，可能會引發整個家庭關係的衝突和痛苦，讓我們距離幸福的家庭越來越遠。

婆媳之爭：孩子應該和誰更親

經歷了幾個月痛苦的相思，果果終於被奶奶從老家帶回來了。果果媽愛子心切，一見面對孩子就是一頓狂吻，早早就買好的禮物全部堆在孩子面前，廢寢忘食地和孩子玩遊戲，逗孩子開心，看到孩子的目光漸漸由陌生膽怯到信任開放，再到依戀親昵，果果媽憋了好久的母愛終於得到了能量的宣洩，付出也終於有了回饋。奶奶則一直在旁邊冷眼旁觀。

孩子回到身邊的晚上，果果媽就迫不及待地將孩子抱到臥室，要孩子和爸爸媽媽睡，完全不顧奶奶欲言又止：「晚上，恐怕不行吧……」

果果媽不顧勞累，抱著孩子邊走邊親邊哄他睡覺，結果孩子哇哇哭個不停，聽了半天，才聽清孩子嘴巴裡說的話：「我要找奶奶……」

沒有辦法，果果媽叫上老公硬著頭皮來到奶奶的臥室，而老人家早已有所準備，見到低頭的兒媳，輕笑了一聲：「我就知道你們不行，孩子可是和我睡習慣了！」果果媽心中暗自發誓：一定要盡快搶回兒子！

經過兩天頻繁的親子互動，果果媽在第三天的晚上終於贏得了孩子的芳心，兒子終於在自己的臂彎裡甜甜地睡著了。還是親媽啊！

婆婆第二天一邊洗衣服的時候一邊開始了埋怨：「養多長時間還是沒用啊，幾天就跟媽媽了……」神情看起來很失落。

「媽，妳不高興啊？」果果媽懷著勝利者的心情得意地問。

「我，我嫉妒！」奶奶終於直接說出來了。

奶奶一邊為兒子家做著家事，一邊又摔摔打打發洩著怨氣。

果果媽用狠狠的眼神看著果果爸，果果爸看看左右怒火中燒的兩個女人，「唉」了一聲低下了頭。

很明顯，婆媳二人已經處於「敵我」狀態，她們爭奪的焦點就是「孩子」，都希望孩子更依戀自己。在這種狀態下，家庭矛盾一觸即發。

奶奶在照顧孩子的過程中，引發了強烈的母愛，當孩子投向自己媽媽的懷抱時，她產生了深深的失落和嫉妒。

奶奶的失落表面是因為孫子的「倒戈」，更深層面來源於自我存在感和自我價值感的喪失。

受「男主外，女主內」的傳統生活模式影響，男人們更多的時間在外面的世界，與孩子之間的關係相對疏遠。「母養父教」、「父嚴母慈」的教育模式也讓孩子們不敢以親熱去「侵犯」父親的威嚴。孩子總是在情感上與父親保持著距離，而與母親親密無間。受「孝道」的影響，「奶奶們」當年當母親時，在婆媳關係上不容易得到丈夫的情感支持，壓抑的情緒使她們進一步在情感上離開丈夫，走向更親密的孩子。

在孩子離家後，「奶奶」們會產生嚴重的喪失感，因為孩子是她情感上最重要的依靠，甚至是一種「情人」關係。這樣就不難理解為何婆媳會成為天敵了。

當兒子有了孩子，奶奶們終於又一次重溫了失落已久的情感，也在孩子對自己的親近中體驗著自己的存在感和價值。可是，當這種感覺被兒媳「破壞」，她們就又一次體會了曾經的嚴重失落。

這就難怪有的媳婦會對婆婆說：「您都當過媽媽了，請您不要再和我爭孩子了好嗎？」

兒子是媽媽的情人

自從生下兒子，兒子就成為了小艾的全部。她的視線裡處處捕捉的都是兒子的身影，對兒子日常生活的規律摸得一清二楚，為了當好一個媽媽，她每日研讀教育專家、育兒專家和心理專家們的著作，希望孩子的身心都能得到良好的發展。

老公和她說話的時候，她正在看著孩子的笑臉陶醉，老公過來想抱孩子的時候，她馬上搶過來：「你會抱嗎？別閃到腰！」甚至和老公親密的時候，她頭腦裡都想著在另一個臥室睡覺的兒子，他會不會醒來，會不會尿了不舒服？

兒子大了，最喜歡吃蝦，而老公一吃蝦就過敏，因此，經常會出現母子兩個人興高采烈地吃蝦，而老公配著桌前的一盤青菜默不作聲的情況。

老公的工作越來越忙了，回家的時間也越來越少。

一次，老公的生日，當他興沖沖地趕回家，卻發現滿桌子都是各種蝦……滿肚子的委屈和憤怒終於壓抑不住了，他「哼」了一聲，打開家門就往外走……

小艾這時候才恍然大悟！意識到，自己忽略老公已經很久很久了……

在孩子出生後，很多女性容易陷入小艾這樣的誤區中：孩子成了心中的重中之重，老公一邊涼快去。在育兒的工作中，又總是嫌棄老公毛手毛腳。一位媽媽曾一邊抱怨育兒工作的繁重勞累，一邊抱怨老公：「妳說讓他餵個奶，結果他讓三個月的孩子自己扶著奶瓶；妳說讓他洗個衣服，他都不知道領子和袖子是最需要清潔的地方……妳說，他能做點什麼啊！」

老公就這樣被排斥了，被家庭邊緣化了，母子關係越來越親密，老公的「家庭功

能」也越來越縮水了，這時候他當然會「工作忙起來」，甚至會「忙」出其他的情感或者新的「歸屬地」。

有些女人抱怨自己是「婚內單親媽媽」，可是，這與自己有沒有關係呢？

其實，很多爸爸在孩子出生的早期，也是非常想加入照顧寶寶的工作的，可是由於本身缺少自信，再加上周圍人的批判和「蔑視」，使爸爸剛剛冒出來的愛的小火苗就遭到了冷水的襲擊，如果多給新手爸爸一些鼓勵和肯定，新手爸爸照顧孩子的自信心就會得到大大的提升，不僅為親子互動打下良好的基礎，也能為新手媽媽減少了很多育兒的勞累，更重要的是能夠維持家庭關係的健康、有序、平衡的發展。

以上兩個故事看似沒有關聯，其實是一個整體，是一種相似的循環。正是因為「奶奶們」不能與丈夫建立更親密的情感連結，她們才把情感過多地投入在親子關係上，這種錯位造成了婆媳之間的「奪愛之爭」。

與丈夫疏離，與孩子親密，這樣的家庭模式同樣出現在第二個故事中，如果故事中的小艾不及時覺察，誰能說Z年後她不會成為第一個故事中的婆婆？

解決之道在哪裡？

對於婆婆們來說，把注意力多放在配偶身上，修復或者鞏固與丈夫的關係，多把精力放在讓自己開心快樂的興趣愛好上，這樣才能從婆媳的敵對關係上脫離，恢復到恰當的位置上。但是，對這一代女人來說，她們習慣了犧牲自己的「美德」，通常用自己的「犧牲」來換取別人的關注和愛，她們不敢直接表達自己的需求。因此，恢復家庭關係的健康交流，婆婆們需要有內在的覺察和外在的推動。要改變多年的思考和行為模式是困難的，因此，外在的推動顯得尤為重要。

對於媳婦來說，同樣要明白夫妻關係是親子關係的基礎，尤其在剛有孩子的階段，就要主動把老公帶進親子關係中來，讓他體會親子中的快樂和成就，否則，即便妳和孩子再親密，妳展示給孩子的婚姻模式也是錯位的，這種錯位會一直延續到「媳婦熬成婆」那天，成為第一個故事中的婆婆，影響兒子新家庭的幸福。

改變惡性循環，從自己做起，調整妳的家庭關係，讓每個人都站在合適的位置和距離上！

附錄5・準爸爸不能出醜的四個關鍵時刻

「準爸爸」只是你勝任「爸爸」這個角色的前奏曲，這個時期是打基礎的階段，這個基礎打不好，萬丈高樓也無從建起。這個基礎固然重要，但是重中之重是要把握

好以下四個要命的關鍵時刻，這可是很多過來人以血淚經驗總結的教訓：

當她告訴你：她有了

如果是妳們早就對造人計畫有所準備，相信老婆說這句話的時候，你們一定都很興奮：計畫終於實現了！恭喜你，這是最佳的情況。可是現實生活中，卻不是所有的事情都如期進行的，同樣的，意外懷孕也在所難免，可是，這個時候老婆告訴你她懷孕了時，你會如何應對呢？

「我們經濟還不穩定，要不以後再要……」

「我，還沒準備好呢，要不就拿掉吧？」

如果你說出了這樣的話，尤其是將「拿掉」那麼容易說出口，這無疑是向你老婆捅了一刀！當一個女人，有了你的血脈，出於愛的原因，她潛意識裡都會希望為你延續後代（如果一個女人不願意為你生孩子，那她是否愛你就需要質疑了），很多電影裡我們都會看到類似的情景，當一個女人愛一個男人到一定深度，即使這個男人第二天就要死了，或者終生不見，她也會不惜冒著未婚先孕或者帶子再嫁的生活，希望能懷有他的一個孩子。孩子是愛情的連結和見證。可是當你懦弱地拒絕這一切，甚至根本不考慮老婆即將遭受的身體和心理上的痛苦，輕易就「不要了吧！」，這不僅是冷漠自私的表現，更是對愛的連結的拒絕！而遭受流產的女人往往對老公的感情大打折扣。其實，每當懷有一個孩子，女人的心理都是疼惜的，放棄都有不捨的成分的，這不僅是身體的痛苦，還有精神的痛苦。

如果當老婆告訴你她懷孕的事情，作為男人，首先面對願意為你懷孕生子的老婆表示感激，畢竟照顧孩子吃苦受累的更多是媽媽。對於是否留下孩子，應充分尊重老婆的意見。即使老婆選擇了流產，也是她心甘情願，她雖然要忍受身心的痛苦，至少不會埋怨你，或者質疑你不夠愛她，不夠珍惜你和她的孩子。

當她正在產房生產時

有一個關於痛苦的等級比較，說生孩子的痛苦僅次於被火活活燒死的痛苦。男人永遠不能體驗這種疼痛和恐懼，視女人生孩子如家常便飯的男人還不少見，你有沒有聽到有些男人對害怕的孕媽咪說：「有什麼好怕的啊，妳沒看千百年來人類不都是這樣過來的嗎？」「是女人不都要經歷一次嗎，沒什麼大不了的！」那種置身事外，事不關己的感覺只會讓人感覺眼前這個男人又遙遠又陌生。

在產房裡，有多少女人在喊著：「疼死我了！」「我要死了！」「受不了了，我要剖腹，我要麻藥！」那種接近死亡的疼痛，那種疼得不能呼吸的感覺，男人，你能知道嗎？因此，老婆進產房時，在她最無力的時候緊緊握著她的手，讓她感受到生命最危急的關頭有你在陪伴著她，她並不是孤單一個人。

陪產時候的禁忌：

1 你的女人在產房裡要死要活遭受痛苦，您自己回家休息去了。切記，就算再累也一定要撐到老婆從產房裡出來第一個看到的是你。

2 新生的寶寶有時候會先推出來，在所有人都圍著孩子時，要記得耐心等待還在產房裡觀察的老婆。

3 如果婆媳關係不好，就盡量不要讓母親來醫院探望老婆。奶奶要看孫子，以後有的是時間。不要讓脆弱的產婦經受不良刺激。

4 不要因為去買紙尿褲或者找病床而錯過迎接老婆的時機，其他的事情都可以請別人幫忙去做，迎接老婆是最重要的，她經歷死裡逃生後最想得到你的安慰。

5 不要對愛老婆或者新生兒表現出不滿。寶貝無論是瘦弱、有疾病，不好看

或者性別不讓你滿意等等，都需要你們夫妻兩個人共同承擔。要感謝老婆孕育生命的辛苦。

當女人從產房推出來後，她就像一個將軍剛剛打了一場大仗，尤其是在靠麻藥和剖腹產盛行的今天，那些靠自己的力量生出孩子的女人，她們內心是充滿驕傲的。當她臂彎裡抱著孩子從產房裡被推出來，她是多麼渴望你能讚美她，安慰她，親吻她：「老婆，妳真棒！」「這麼疼，妳都沒怎麼哭，妳真堅強！」讚美完老婆再去看孩子，當你對寶貝流露出無限的愛意，你的老婆心裡才會非常欣慰。因為，那是她冒著生命危險送給你生命的禮物。如果你對寶貝沒有感覺，她會有多傷心多失落就可想而知了。

當她產後需要住院時

生完孩子，不論順產還是剖腹產，產婦都需要住院幾天的。老婆生孩子你是幫不上什麼忙，但是生完之後這幾天，可是換你表現的關鍵時期。

幫老婆做飯送湯，這些並不要緊，要緊的是你要陪在老婆和孩子身邊。因為在住院這幾天，老婆的傷口需要人去清洗，有些很隱私的問題需要至親的人。如果老婆有自己的媽媽或者姐妹還好，如果沒有，老公一定要親力親為，因為這個時候除了你之外，再沒有別人可以讓老婆安心。

這個時候或許有婆婆會來照顧，但是，即便是以前婆媳有一定的感情基礎，但是，婆婆畢竟不同於自己的媽媽，當著一個缺少親密關係的人的面，去暴露自己的私處，並且無力地接受他人對自己私處的幫助——你自己可以想像那是多麼令人感到尷尬！如果平時缺少交往，一年只是見一兩次面的婆媳關係，會令老婆感覺更加難堪！如果你不能理解，就換位思考一下，你現在不能動，大小便不能自理。是由沒見過幾次面的岳父照顧比較好，還是老婆照顧呢？

晚上陪夜，即便你白天已經很累了，也要堅持陪護——除非老婆堅持要你回去休息，一切應以老婆的想法為重。道理很簡單，因為晚上大人和孩子都需要照顧，也會發生如老婆要大小便等很隱私的問題。老婆當然希望是你而不是婆婆去幫忙倒尿桶。

也有那些極度心疼兒子的婆婆，捨不得讓兒子受一點苦，不等媳婦說話她那裡就發話了：「你回家去吧，媽媽在這裡照顧！」或者：「你有什麼經驗啊，趕緊回去吧！」這時候你要看老婆是什麼態度，看看老婆希望誰陪她更合適。老婆的心也是肉長的，當她看到你疲憊不堪的樣子，也會心疼你的，但是如果你不考慮老婆的感受，在老婆希望你留下而你卻「反正有我媽呢！」就離開了，你給老婆的感覺只是不能自己承擔責任的懦弱小孩，而不是一個成熟有擔當的男人，老婆在心裡會對你極度失望。

產後那幾天，你需要盡力去理解新手媽媽的痛苦——剖腹產或者陰道側切的疼痛讓她們無法穩步行走，無法順利大小便，寶貝日夜哭鬧，手背上打著點滴……這些痛苦集中在一個人身上雖然你無法想像，但至少要寬容她的哭泣、煩躁和焦慮。

當孩子出生後的最初兩個月

老婆回家來做月子了，這同樣是馬虎不得的，因為月子做不好，會落下一輩子的病的。這時候你的任務同樣很繁重，一邊要照顧大人，一邊還要照顧孩子。孩子的大小便如流水線一樣讓人應接不暇，晚上一小時左右就醒來，大家的睡眠都被破壞得支離破碎。月子裡的老婆，因為激素的上升，還有傷口的隱痛，乳房的龜裂，睡眠的不足，孩子不時的啼哭，還有難言的便祕等，都容易造成情緒激動，可能會被你看似無緣無故地發火，請記住，這只是暫時的，過了這段時間，老婆就會好了。

月子裡，老婆最需要的就是安靜地休息和你的陪伴，畢竟，她還是一個病人。這時候，不要呼朋喚友地來看孩子，因為孩子需要有安全感的氛圍，過多的陌生氣味會讓他感到不安；產婦也需要高品質的休息，晚上一兩個小時就醒來的睡眠已經快要讓她崩潰了，她沒有多大精力去招呼你的朋友。而且孩子經常需要餵奶，時常需要撩起胸前的衣服，這時家裡有陌生人會非常不方便。所以要注意保護妻子的隱私，給她安靜餵母乳的時間。

哺乳期的老婆，奶水和情緒直接相關，如果情緒不好，奶水就會變得很少。所以，如果老婆的奶水突然變少了，你要注意是不是老婆的情緒有問題。

孩子一般第三個月就能在夜間睡得更長一些，基本能睡一整夜了。因此，前兩個月是非常煎熬的，我想心疼老婆的男人是能夠和老婆一起度過這個時期的。這時候最忌諱的就是你跑到另一個房間去逃避這一切，也有的男人以加班為藉口逃離這些可怕的夜晚。雖然你老婆的「孕傻」還沒過，但還是能看出你的逃避的。你真心的付出會換來老婆的心疼，她不忍心讓你跟著受累，主動讓你休息才說明你做到了好爸爸的標準。

人生的路很長，關鍵就是那幾步。你當爸爸的時間也很長，關鍵就在這起初幾

步。如果這時候退縮了，不像個真正的男人一樣和老婆並肩站在一起，老婆還怎麼會相信在以後艱難的環境中你能不退縮呢?所以說，這兩個月，是個男人就站直了，別退縮，難道你要把這麼繁重的工作都推給還是病人的老婆嗎?

說了這麼多，不知道準爸爸和新手爸爸害怕了沒有?但這些確實真真切切是你們要經歷的道路。老婆關鍵的這些時刻，你的表現直接影響了老婆對你的信任程度以及你們的婚姻品質。一項有關對婚姻滿意度的調查顯示：女人生產後到孩子上幼稚園前，夫妻對婚姻的滿意度是婚姻歷程中最低的。除了孩子出生後，夫妻缺少兩人世界影響了溝通品質而造成這種情況之外，上面所說的關鍵時期的男人表現，也是影響婚姻品質的關鍵。

只要是成長，都會伴隨著這樣那樣的痛苦。這也是讓你成為一個成熟男人的必經之路。希望在將來你能驕傲地說：「我懂得當父親的滋味!那些日日夜夜我都經歷過!」而不是當別人提起當父親的感受時，你的大腦一片空白。確實，你躲過了那些折磨人的時間，但是你可能會失去更多。

小提示

產後那幾天，你需要盡力去理解新手媽媽的痛苦——剖腹產或者陰道側切的疼痛讓她們無法穩步行走，無法順利大小便，寶貝日夜哭鬧，手背上打著點滴……這些痛苦集中在一個人身上雖然你無法想像，但至少要寬容她的哭泣、煩躁和焦慮。

附錄 6．新手媽媽眼中的好爸爸

可能是「女人應該相夫教子」的傳統觀念太強了，也可能是現在的社會壓力太大讓男人們分身乏術，所以把心思放在孩子身上的男人遠遠不如女人們多，雖然愛孩子的男人比比皆是，但是視孩子為洪水猛獸的脆弱男人也不乏其人。即將要成為人父的準爸爸們，你們做好準備了嗎？也許你們會說：這種人生體驗還沒有經歷，我到底要如何準備呢？下面，就聽聽女人們的評論吧，讓我們從女人的角度看看自己未來要走的路。

好爸爸的前提是好丈夫

如果你不是一個好丈夫，就根本談不上會是一個好爸爸，好丈夫是好爸爸的前提。誰都知道，孕婦的情緒會影響胎兒的生長發育，而孕婦的情緒在懷孕期間很大程度上是與準爸爸息息相關的。愛孩子的好爸爸首先要懂得如何提供一個溫暖溫馨穩定的家庭環境。對孩子來說，沒有什麼能比一個健康幸福的家更重要的了。我就很感激我的老公，他雖然工作很忙，但是在我孕期盡量陪我，讓我開心。過去我逛街他寧願在車裡聽兩個小時的廣播電臺也不願下來走一步，但是我懷孕後，他能耐著性子陪我走一個又一個的商店，我轉了半天一件衣服都沒買（那些腰圍在兩尺之內的衣服實在也不適合我穿），要是過去，他早就生氣了，會認為花時間做了一點都沒有用的事情，但是在孕期，他卻從來沒有表現出不耐煩。這些細節讓我很感動，我知道他已經盡了力。在老公的陪伴下，我順利生下了我的寶貝有有。我覺得我老公算是一個好丈夫，也會是一個好爸爸！

——新手媽媽　木白　寶貝一歲兩個月

懂女人心的男人才會是好爸爸

木白真是幸福，因為她老公懂女人心，知道女人需要什麼，需要的東西和男人不是一樣的。他能理解到這一點，並能滿足這一點。要說起我老公，我真的有滿肚子的委屈！算了，就不當怨婦了，抱怨沒有意義。我這裡還是給眾位準爸爸們一些建設性的意見吧：雖然妻子懷孕會限制你們的一些生活，但是你依然可以帶著她去逛逛超市，參加朋友聚會，甚至出門旅遊。不要一懷孕就像千金寶貝一樣宅在家裡，孩子和孕婦沒有想像的那麼嬌嫩！平時給她買點小禮物，例如鮮花啊、漂亮的鑰匙圈啊，花不了多少錢，但卻能讓她很開心。我老公有一次出差，帶回來一條手工織的圍巾給我，讓我感動好久，因為那正是我喜歡的風格。說起來，我老公也不錯……呵呵……

——新手媽媽　小慶　寶貝六個月

好爸爸需要有堅強的意志力

如果說在妻子孕期時，準爸爸們需要修煉的功夫是三級的話，那麼當寶貝出生後，新手爸爸需要修煉的功夫需要達到十級才可以稱得上是優秀爸爸。各位準爸爸們，你們是否知道孩子出生後要面對的生活是什麼？我們就不說孩子的日常生活，也不說產婦容易患上的產後憂鬱，也不說你可能要面對的婆媳的維和工作，我們就單單說晚上睡覺這一項，就是一般人很難做好的。小寶寶剛一出生，家裡人就要面臨無法「一覺睡到天亮」的問題——當然，如果躲在其他房間，隔音效果好除外。無論誰躲，身心疲憊的新手媽媽是無法躲過去的，兩個小時，甚至是更短時間便要一醒的折磨，使原本虛弱的新手媽媽很容易煩躁。在這種情況下，如果您把這些事情全都丟給妻子——但凡有點愛心和人道主義的爸爸怎麼忍心全都丟給妻子？當然，這樣的爸爸也會有，但是從此婚姻生活便埋下了很難再修復的怨恨。畢竟夫妻兩個人共同經歷的關鍵期能有多少？睡眠一次次被干擾，確實讓人發狂，但是如果你能起來幫寶貝換換尿布，承擔一點責任，讓妻子多睡一下子，她的奶水才會充足。當孩子過了兩三個月，夜間睡眠會加長，而你們夫妻夜間也不用這麼辛苦加班了，而這些共同經歷會讓你們夫妻的感情更深，而不會成為妻子總是念念不忘的委屈。當然，能做到這樣，需要丈夫有很好的忍耐力和堅強的意志力做基本功。

——新手媽媽　玉玉　寶貝三歲四個月

在教育上不斷學習的爸爸肯定是好爸爸

準爸爸們，我想問你，你知道妻子懷孕吃些什麼對孩子有好處嗎？怎麼進行胎教？寶貝出生後，怎麼幫寶貝拍嗝？你怎麼抱孩子？怎麼幫寶貝洗澡……這些，你心裡都有數嗎？隨著孩子的出生，我們就開始了無止境的學習。有些爸爸認為那些事情都是媽媽要做的事，把教育的責任推給媽媽，這樣的爸爸也放棄了自己在孩子身上學習成長的機會，也放棄了當一個好爸爸的機會。全職媽媽到處都是，全職奶爸實屬罕見，所以要獲得「好爸爸」的證書，需要更多的爸爸提高教育意識，更要做好終身學習的準備！

——新手媽媽　小方　寶貝七個月

小提示

小寶寶剛一出生，家裡人就要面臨無法「一覺睡到天亮」的問題——當然，如果躲在其他房間，隔音效果好除外。無論誰躲，身心疲憊的新手媽媽是無法躲過去的，兩個小時，甚至是更短時間便要一醒的折磨，使原本虛弱的新手媽媽很容易煩躁。在這種情況下，如果您把這些事情全都丟給妻子——但凡有點愛心和人道主義的爸爸怎麼忍心全都丟給妻子？

第四章：生育是一場華麗的生命體驗

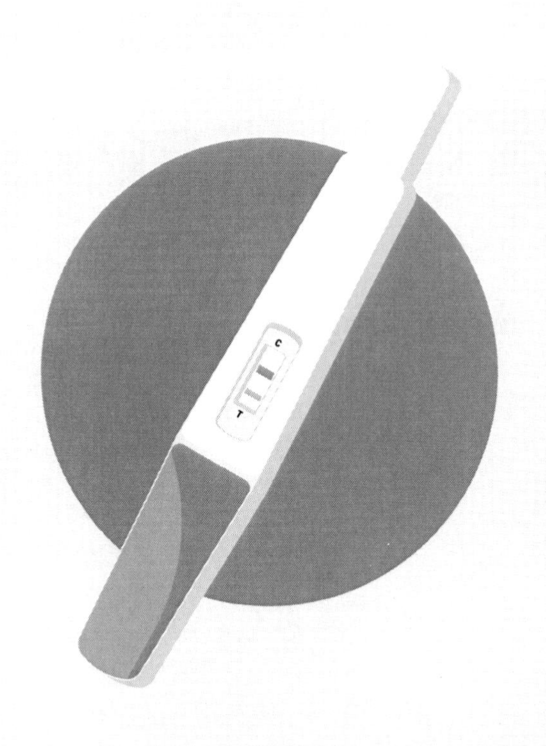

必備的分娩準備工作

懷胎十月，一朝分娩。真要是到了那一天，很多姐妹心裡卻開始緊張起來了，因為這二三十年來一直耳濡目染的都是可怕的劇痛、汗流浹背的樣子，撕心裂肺的吼叫……即便是壯著膽子上了戰場，因為忍受不了疼痛，本來可以順產，但卻半路大叫「我要剖腹！」的大有人在，這樣的媽咪做了最不划算的決定，要不然妳就堅決不招，要不然一被捕就招，妳說妳已經受了刑罰，罪都受了，結果又當了叛徒，不是兩邊都不討好？

如果分娩是女人人生中的一項重要功課，那麼我們在懷孕的時候就要預習好，未雨綢繆，不打無準備之仗。漫漫孕期，有足夠的時間讓妳備課。

以下是媽咪論壇上一些新手媽媽的「過來人分享」，我整理了一下，可以供各位參考。

與醫生有足夠高品質的溝通

孕期，孕媽媽要處理好的關係在本書的前部分已經說了很多，但是還有一個關係是絕對不能忽略的，那就是醫病關係。在醫院裡，醫生為大，作為患者，我們是尋求幫助者、配合者。因此，地位先搞清楚了，保持謙虛謹慎的態度還是有必要的。如果妳對於自己的身體有任何擔憂和顧慮的地方，不妨和醫生溝通，用請教的態度，滿足醫生的自我價值感，醫生與妳的溝通也會有足夠的品質，妳就能得到最好的指導。

考察醫院，選擇最信任的一個

分娩後會住院一陣子，醫院的環境，醫院的服務品質等等與妳產後的身心健康息息相關。有個樂樂媽咪談到她過去的遭遇曾經感慨：「生產後因為經濟條件一般，選擇了四個人的病房，結果病床之間連簾子都沒有，住院這幾天我都光著屁股，而其他病床都有男家屬陪伴，我起床小便非常不方便。後來去上廁所，結果廁所的窗戶大開，我穿著病服，只有一層，一陣冷風吹過來，一下子把我吹到快凍僵了。那可是寒冬啊！」就像樂樂媽咪提到的這樣的細節妳也需要注意一下，最終找到CP值高的好醫院。

學會讓自己放鬆

在心情放鬆的情況下，我們的肌肉也會鬆弛，心情越緊張，肌肉也就會繃得越緊。而我們的寶寶是從產道出來的，如果我們精神緊張，產道的肌肉自然也會繃緊，寶寶就不會順利生出來。如果我們精神放鬆，肌肉和骨盆都會處於舒緩狀態，寶寶就可以順利通過。精神緊張還會造成我們痛得更厲害。所以，學會放鬆是保證我們順利分娩的重要環節。掌握正確的呼吸方法我們就可以讓自己放鬆下來，如學會擴張胸腔、腹式呼吸，不僅可以讓子宮得到足夠的氧氣，還能使分娩時宮縮更有幫助，加速分娩過程。

了解五大分娩徵兆

陰道分泌物增加。由於孕期黏稠的分泌物累積在子宮頸口，由於比較黏，平時就像塞子一樣，將分泌物堵住。可是要分娩時，子宮頸脹大，這個塞子就沒有作用了。這個現象多發生在分娩前數日或即將分娩前。

陣痛。臨產前，子宮收縮趨於規律，並且間歇的時間越來越短，當宮縮的強度穩定增加，痛感也會越來越強烈，這時候後背也會隨之疼痛。當宮縮發生的極為頻繁的時候，妳就需要趕緊去醫院待產了。

破水。當有水狀的液體緩慢或者呈現噴射狀從陰道流出，這就叫做羊膜破裂或者破水。這時離胎兒出生已經不遠了，當有這種現象發生後，務必立即躺下休息，為了避免羊水流出過多和臍帶脫垂，應該用墊子將臀部墊高一些，然後以最快的速度到醫院做檢查。

便意感。分娩前，胎兒開始下降，骨盆受到的壓力增加，腹墜腰痠的感覺會越來越明顯，膀胱和直腸也受到壓迫，肛門不自主地想用力，有排便的感覺。此時應深呼吸吐氣，不要用力，盡快趕到醫院。

見紅。當子宮收縮，胎兒的頭開始下墜入盆，胎膜和子宮壁逐漸分離摩擦就會引起血管破裂而出血，這就是俗稱的「見紅」。通常是粉紅色或褐色的黏稠液體，或者是分泌物中的血絲。一般來說，見紅後二十四小時內就會開始陣痛，進入分娩階段，但是也有很多人見紅後幾天，甚至一週才分娩。因此要根據見紅後的形狀、顏色和量等作判斷。如果只是淡淡的血絲，就可以先在家觀察，如果不相信自己的判斷，可以坐車去醫院，救護車就不必叫了。如果流出鮮血，超過生理期的出血量，或者伴有腹痛，就應該考慮是否出現異常，立即趕到醫院。

小提示

如果分娩是女人人生中的一項重要功課，那麼我們在懷孕的時候就要預習好，未雨綢繆，不打無準備之仗。漫漫孕期，有足夠的時間讓妳備課。

生產劇痛，剖或不剖？

我們經常在電影或電視劇裡看到女人生產時候的恐怖鏡頭：頭髮被汗沖刷得一縷一縷的，女人的臉色蒼白，發出聲嘶力竭的嚎叫，就像在死亡邊緣掙扎……看到這樣的場景難免會讓準媽媽們不寒而慄：嚇死人了！要不然等我那時候，還是剖了吧……

女人生產的痛苦確實是人能承受的極端痛苦之一，當陣痛一波一波湧來的時候，就像命運在一次次向妳發起挑戰。我曾看到朋友海鷹在陣痛的時候，手死死地握住床頭的護欄，咬著牙關，隨著陣痛的來臨身體一抖，一抖……但是她的眼神是堅定的。那是一個即將被獲准成為母親的女人接受生命考驗的生動寫照！是啊，經歷了這場磨難，我們預先獲知了「母親」這個名詞對於女人的意義：勇敢、堅忍，為了孩子可以豁出去一切。

某雜誌社曾經邀請我寫一寫我當初的生產經過，在此一併和朋友們分享，希望發揮拋磚引玉的作用。

我自己在生小寶前，是將生產這件事情當成一場戰鬥去做準備的。在懷孕時就開始研究分娩的時候如何減輕痛苦，在什麼時候該補充熱量，什麼時候該衝刺，又看了幾遍分娩過程的完整錄影，對於生孩子這件事情，終於有了心理準備。當對未知的東西有了了解之後，它就顯得不那麼可怕了。

預產期臨近的日子，當平靜躺在床上的時候，我頭腦裡會像播電影一樣將整個分娩的過程放一遍，包括所有可以預見到的細節。

做好了備戰工作，我在預產期那天住進了醫院。身體一直未出現破水、見紅以及陣痛的症狀，但是羊水的品質已經開始下降了，我不停地爬樓梯，但是小寶還是貪戀媽媽的子宮，始終沒有想出來的意思。最後我同意了醫生的建議：實施催產。

住院的第二天是我正式打仗的日子了，早上由老公陪著吃了好吃的早餐，盡可能補充好熱量，回到醫院後從容地洗了頭髮，因為生產後很長時間不能洗頭，在打催產針之前，又順利地排便，如果腸內有大便存留，很可能在生寶寶的同時……那真的有夠尷尬的……

早上九點打催產針，十一點左右陣痛開始變得強烈，痛出汗來是難免的，陣痛的間隔也越來越短了，雖然不餓，但我也讓老公餵我巧克力補充體能。我弓著身體，蜷縮在床上，陣痛一來趕緊吸氣，隨著陣痛的撤退就緩緩呼氣，當陣痛如連發子彈不停向我進攻的時候，即將要窒息的感覺終於來了，一種瀕臨死亡的感覺襲上心頭！我指著頭頂的氧氣機：「我——要——吸氧！」一句話被停頓了幾次，終於說出了口。

那是一種腰部被生生折斷了的痛，雖然老公坐在病床上用他能利用的所有身體部位頂著我的腰，但那此生以來未曾體驗過的痛還是席捲了我所有的感覺細胞。

很多女人要求剖腹產，往往都發生在這個時刻。是的，等待子宮口打開，歡迎孩子來到這個世界的時候，正是母親走進煉獄之門，瀕臨死亡體驗之時！

似乎所有的力量都被抽走了，身體快被巨大的疼痛占滿，反抗的空間已經被壓縮得微乎其微，當妳要向痛苦舉手投降的時候，也到了最緊要的關頭！

便意出現了！醫生終於同意我可以進入產房待產了，但是為了順利生產，必須自己走進去。那時候，我的意識已經模糊了，眼皮沉重極了，身體對痛已經麻痺。老公說我那時候羊水已經破了，但是那時我已經沒有了感覺。

醫生們在產房裡忙著幫其他產婦接生，我筋疲力盡地躺在產床上。忽然有護理師過來看了一下尖叫道：「胎心八十了！」

天啊，我的寶寶有危險了嗎！我急得都要哭了，意識一下子變得極為清醒！千萬不能讓我的孩子有意外呀，我！我！我——無數潛伏在身體中的能量一瞬間都被喚醒了，我如一個即將要死去的人一下子提起了精神了！

一聲如母獅一般的吼聲從自己的身體裡發出來，我為自己能發出這樣野獸般的聲音而感到驚訝！那是從沒有聽到過的自己的悲壯，那是從沒有感覺過的自己的野性，那是從沒有想像會有的潛能，那是一種從沒有想過去用自己的生命換取另一個生命的殷殷之情……

突然，我看到肚子像洩氣的皮球一樣縮了下去，下午五點五十八分，我的孩子誕生了！

整個與疼痛對抗的過程中，我除了必要的幾句話，一直咬緊牙關沉默不語，這個時候，體能和精力是我們一絲一毫都不能浪費。在待產時，我曾聽到同病房的其他姐妹在陣痛時大聲喊痛，甚至大罵老公讓她受這樣的罪，我真為她們隨意發洩力氣感到遺憾。

是的，最後痛得我也不由自主地流出了淚，但隨即後悔，因為哭過後馬上感覺呼吸不順，不如不哭！我從來沒有想過要剖腹產，即便在陣痛最強烈的時候，因為千百年來的女人都能過這一關，為什麼我就不行！

當然，害怕陣痛，選擇剖腹產是妳的自由，但是，這場對生命的華麗體驗，妳也就此失之交臂了。

小提示

我們對生產的恐懼，大多源於本能中對未知事物的恐懼。如果我們提早多看看相關的資料，對未知的事物有了提前的預習，又像對待一項任務來部署和實施的話，我們就會在生產過程中更加從容和順利。

洗腦照顧妳坐月子的人

坐月子是女人人生中的大事，大家都知道月子裡生的病很難醫治，這時的女人是個需要靜養而不能靜養的病人，孩子的日常生活瑣事已經讓新手媽媽的生活支離破碎，如果這時候還要與照顧月子的人產生衝突，新手媽媽無異於腹背受敵——妳別覺得這是小題大做，先想想如下的場景，妳就會知道妳可能會面臨的糾結了：

炎熱的八月，整整一個月，老媽（或者婆婆）在不開冷氣的情況下，堅決不讓妳洗頭洗澡，而妳每天都大汗淋漓，自己都該「餿」了，這時候到底該不該洗澡？

妳知道新生兒不該像過去一樣「綁腿」，可是從農村來的長輩堅持要綁，說這樣孩子的腿才能更直，面對這樣的衝突，妳該堅持還是屈服？

長輩要幫小嬰兒擠乳頭，說這樣以後乳頭才不會凹陷，妳不讓她擠，她就和妳翻臉，妳該怎麼辦？

……

在接受新觀念的新手媽媽和帶有舊觀念的婆婆媽媽之間，必然會有很多觀念上的衝突，這些衝突很容易演變成家庭矛盾，大家都是為小寶貝好，都覺得自己的方法會帶給產婦和孩子好處，甚至是影響一生的好處。

可就在婆婆在夏天非要媳婦帶頭巾，而媳婦不要帶的問題上，就會生出委屈與憤怒：「我這麼大歲數了來伺候妳，一切都是為了妳好，妳卻給我臉色看！」「誰讓妳來了，妳根本不是照顧我的，妳是照顧妳孫子（女）的，這是妳應該做的！」一旦話說到這個份上，兩敗俱傷的局面是難以避免的。

當其中一方因為對方不接受自己的做法，但卻造成了對小寶貝的傷害時，更會激起兩代人的衝突，甚至會導致整個家庭破裂。「看看，是不是我說得對？」不管是誰說出這樣的話，對方都很難接受。

如何能同心同德度過月子？不至於在價值觀上有太大的出入，從而安然地度過呢？聰明的孕媽咪們要採取行動，趁著孕期早日下手，防患於未然！最好的辦法是：提前洗腦照顧妳月子的人！

妳想讓她學習新知識，接受新觀念，千萬不要做出一副高高在上的姿態，否則容易惹惱老人家，兩句：「當年妳（或者我兒子）不就是這樣帶大的嗎？不也好好的嗎？」立即讓妳啞口無言，並且會怪妳「講究太多」，威脅妳「不聽老人言，吃虧在眼前！」老權威怎麼能是那麼輕易就被撼動的？因此，洗腦一定要講求策略。

參加專業培訓學習

此方法適合思想開放，樂於接受新知識的與時俱進的長輩。她們有主動學習的意識，妳還沒說，她自己就已經想辦法學習了。現在有些地方開設「產後照護人員培訓班」，講授孕婦護理、新生兒保健與生活護理等課程，可以讓這些準外婆奶奶勝任優秀的月子護理員。不過建議培訓費用妳悄悄地付完就好，若是長輩問起，說是免費的或者說少一點，否則老人家會心疼錢而拒絕參加。

透過書籍自主學習

沒有條件參加培訓班的長輩，可以透過書籍來彌補資訊的不足，更新陳舊的資訊。有些長輩特別迷信白紙黑字，動輒「書上都說了」，這樣的長輩也值得妳歡呼其觀念的可開發性。妳只要收集相關的書籍，和長輩一起閱讀就OK了。

請醫生當老師

妳的話長輩不信，但是有些行業權威的話他們會信。有的長輩就特別崇拜權威，特別聽信電視上的專家學者的話。妳可以在電視上或者網路上找到相關的育兒節目，和長輩一起學習和討論。如果意見不能達成一致，可以在孕檢時請教醫生，醫生當面說出的話，她們基本都會接受的。有時候，我們不能和長輩硬碰硬，要學會迂迴之道，不露聲色地改變她們。

逐步滲透法

有的老年人非常固執，對自己認為對的事物很難令其改變。這樣的長輩即便是遇到再大的權威、專家、醫生、電視、書籍的教誨，她一句「都是騙人的」便擋回去了。面對這樣的長輩，需要妳耐性好一些，絕對不適合強攻，只能採取滴水穿石法，慢慢滲透。最好找一個衝擊力比較大的負面教材，假裝一個不經意的讓她看到，妳可以淡定地說上一句：「老觀念真害人啊！」再固執的長輩可能也會為之一振，從而開始對自己的觀點有所審視。對這樣的長輩，必須一次性讓她的內心感到震撼，之後才可能有改變的機會。遇到這樣的長輩也有一個好處，就是鍛鍊我們的智慧，磨練我們的耐心。

特立獨行法

如果面對長輩妳實在是黔驢技窮，為了自保，為了避免造成更大的家庭矛盾，妳不妨考慮請個受過專業培訓的月嫂，或者乾脆走時尚路線，直接住進月子中心，眼不見心不煩，先將人生這段又重要又脆弱的月子順利度過去才是真的。

小提示

如何能同心同德度過月子？不至於在價值觀上有太大的出入，從而安然地度過呢？聰明的孕媽咪們要採取行動，趁著孕期早日下手，防患於未然！最好的辦法是：提前洗腦照顧妳月子的人！

與「隔代教養」和諧相處

「隔代教養」是很普遍的社會現象，而「隔代教養」的問題也困擾著很多家庭。身為準媽咪，當寶貝出生後，是妳自己帶孩子，還是會請老一輩人幫忙呢？

那些接受了「隔代教養」的媽媽們，她們是出於什麼原因而接受的呢？這裡整理了具有代表性的媽媽們的立場和觀點，如下：

經濟壓力要請長輩幫忙

我的薪資占家庭收入的一半，孩子出生後，日常生活都需要花錢，如果我不出去賺錢，生活難以為繼，只靠我老公賺錢，如何養車養房養孩子啊！雖然我也很想留在家裡陪伴孩子，但是我不得不出去工作呀。所以，只能請兩邊的長輩來幫忙了。幸運的是，剛好兩邊的父母身體都還不錯。

——JULY　寶貝七個月

不能放棄工作要請長輩幫忙

說實話，我也知道媽媽陪伴在孩子身邊的重要性，可是對於工作，我非常不想放棄。在職場上累積了這麼多年，位置越爬越高，對生孩子這件事情一直是一拖再拖。後來實在拒絕不了老公的要求，但是我懷孕九個月時還在堅持工作，因為我已經做到了經理的級別，為了這個職位，我在這家公司付出了整整五年的努力。後來孩子三個月後，我就回到了原工作單位，還好上司還為我保留了這個位置，我知道，如果我再晚一個月上班，這個職位就不保了。在家的那幾個月，簡直悶死我了，還是到社會上來感覺更舒服。做全職媽媽那時候，我完全失去了自我，整天蓬頭垢面地過得一塌糊塗，回到職場上，我立刻神采奕奕的，我還是在工作時才是美麗的。所以我必須請長輩來幫忙，如果長輩不願意來，我寧願請保姆也不願意自己帶孩子。

——亮亮媽　寶貝十個月

帶得不如長輩好要請長輩幫忙

生完孩子的時候，我覺得自己手足無措，連孩子都不敢抱，也不敢幫孩子洗澡，多虧有媽媽在身邊。我感覺自己還是孩子呢，怎麼能照顧好孩子？媽媽養育了兩個孩子，經驗豐富，而我卻是白紙一張，有她在，我就有定心丸，說什麼都不能讓老媽走。

——ㄚㄚ媽　寶貝十一個月

長輩要求不讓帶都不行

我在懷孕的時候，婆婆就主動要求要親自來帶她的孫子或孫女。我本來怕有婆媳衝突，不想讓她過來的，可是我剛和老公表達我的想法，就遭到老公的嚴厲指責，認為我不懂得領情，從其他好朋友那裡我也得知，帶孩子真的是非常辛苦，一個人我也怕帶不來。既然婆婆主動要來帶，我也就順水推舟。

——貝貝媽　寶貝六個月

既然媽媽們接受了「隔代教養」，那麼，結果如何呢？再來看看媽媽們的典型焦慮吧：

孩子自閉，語言發展受限

我婆婆是德國人，不會說中文，平時我和她說話都需要老公來翻譯。時間長了，我也只能聽懂個一知半解的。婆婆性格內向，可能又因為自己只會說德語，其他人也聽不懂，因此她平時帶孩子時基本上不和社區裡的人說話，哪裡人少就去哪。孩子也沒有玩伴。我觀察我家寶貝與其他孩子相比，明顯不愛說話，也不如別的孩子機靈。我自己的工作又捨不得放，其他的人也不可能幫我看孩子，真是糾結！

——小宇媽　寶貝一歲五個月

包辦過多，寬容過度

在教育問題上，我常常和我的媽媽生氣。我要培養孩子的獨立性，凡事讓她自己多想辦法解決，可是後來我媽就拆我的臺。比如，孩子上廁所碰不到廁所的開關，我就鼓勵她想辦法，怎麼依靠其他東西碰到，我媽那裡就已經幫她把椅子搬過去了；我鼓勵孩子自己吃飯，而我媽卻非得滿屋追著孩子餵飯；我怕孩子吃太多甜食導致蛀牙，嚴令禁止不能吃糖，我媽那裡只要孩子向她要，她就偷偷背著我去商店買糖給她吃……我們兩個人一起帶孩子，但是在教育問題上常常出現不愉快。我說得直接一點，她就開始抹眼淚，要收拾行李回老家去；我說得含蓄一點，她根本不往心裡去！現在孩子都拿她外婆當保護傘，我的教育在我媽那裡大打折扣。真是無奈！

——萱萱媽 寶貝兩歲一個月

怕餓怕冷，過猶不及

可能是由於老一代人挨過餓，受過凍，因此對餓和冷特別敏感，就怕自己的孫子餓著凍著。總是想辦法讓孩子多吃一點，吃一頓飯都不惜連哄帶騙，有時候還會吃到寶貝吐！每天看著婆婆到處追著孩子跑，就為了讓他多吃一口我就非常無奈：這種飢餓的恐懼能影響人這麼長久嗎？現在影響孩子特別討厭吃飯，婆婆甚至會拿：「不吃飯就不是好孩子」來威脅寶貝，吃飯和一個人的品格有什麼關係？另外，她總喜歡幫孩子穿得很厚很厚，自己老了，容易受寒，總覺得別人也和她一樣感覺冷，以己度人。結果我每天下班回來摸孩子的後背都是一身汗！因為吃飯和穿衣的問題我和婆婆溝通了很多遍，她似乎是聽進去了，但是在行動上依然我行我素。這些生活中的細節我都會容易動怒，又不好真的做點什麼，只能壓抑在心裡，真想辭職算了，可是婆婆依然與我們一起生活，天天在一起也滿尷尬的，想想這些真令人心煩。

——雨潤媽　寶貝一歲六個月

「隔代教養」有隔代教養的無奈，也有「隔代教養」的問題和煩惱，那麼，如何與「隔代教養」和諧共存呢？

求同存異，讓孩子接受多元文化

從本質上來說，每個人的思考模式都是不同的，更不要說相差了那麼多歲的兩代人。受時代、所受教育和自身經驗的影響，對孩子的問題上，是不可能達成完全一致的。一般來說，老一代人更注重孩子的生理，有沒有吃飽穿暖，千萬不要生病，不能有危險，因而對孩子的控制和約束也會增多。新一代父母會注重孩子的智商和情商的培養，希望孩子能有更多的自由，發揮更多的能力。對於嚴重分歧的部分，盡量不要當著孩子的面進行不良溝通，臉色和話語表現要溫柔，盡量以請教長輩的謙虛態度來討論一些問題，和顏悅色地說出自己的想法。平時多幫長輩準備一

些教育類的書籍和電視節目等，以一起學習的態度陪著長輩。對於孩子來說，看到不同的意見也能和諧共處，孩子能學到不同的意見是如何溝通並能求同存異，這本身就是最好的教育，而不是爭吵誰對誰錯。

誰最穩定，對孩子的影響就越大

一個家庭，就是一個小社會，不可能事事以妳為中心，別人都聽從於妳的安排。每個家庭成員，都有不同的脾氣秉性，但是誰的情緒最穩定，對孩子的影響也就越大。比如，外公總會在餐桌上指責孩子吃得多了少了、把飯弄外面了等等。如果妳非常想反對外公的做法，當著孩子的面說他的不好，一不小心就會引發家庭爭端。妳可以平靜愉快地吃完飯，做出一個在被指責的情況下，依然保持穩定情緒的示範讓孩子看，這對孩子來說，也是一個很好的榜樣。妳也可以事後和他討論餐桌上的感受，讓孩子明白外公的用意和好心，並討論如何做才能讓自己和外公都會滿意的方法，引導孩子，如果自己是外公，該如何去表達自己的想法更合適？這樣就會轉矛盾為積極的分析和思考，並且培養了孩子理解和寬容別人的能力。

對於核心問題，絕不退讓

作為家庭中的一員，我們都需要睜一隻眼閉一隻眼，對於一些雞毛蒜皮的小事，我們可以忽略不計，但是在一些大的問題上，比如要不要上親子課程，上哪家幼稚園比較好的事情上，如果長輩考慮節約，不贊成教育成本的投入，或者只看幼稚園的餐點怎麼樣而不關注教育理念，那麼妳可以堅持妳的觀點。堅持立場也不是要妳強硬地和長輩對抗，而是要採取迂迴的措施，逐個攻破的策略，先說服老公，讓他和妳站在同樣的立場上，並且不斷地傳遞有利於妳的選擇的資訊，妳可以動用書籍雜誌，專業權威等慢慢弱化對方的心理。盡量不要採取激進的做法，要在長輩能接受的範圍裡進行說服。很多時候，誰越堅定，意見就會越偏向誰，當然，這個前提是，妳有理有據。

小提示

對於嚴重分歧的部分，盡量不要當著孩子的面進行不良溝通，臉色和話語表現要溫柔，盡量以請教長輩的謙虛態度來討論一些問題，和顏悅色地說出自己的想法。平時多幫長輩準備一些教育類的書籍和電視節目等，以一起學習的態度陪著長輩。對於孩子來說，看到不同的意見也能和諧共處，孩子能學到不同的意見是如何溝通並能求同存異，這本身就是最好的教育，而不是爭吵誰對誰錯。

如何面對洶湧而來的產後憂鬱

一次在一個女性聚會上，大家討論產後憂鬱的情況。一個新手媽媽小秋分享她的經歷並總結了幾點原因。小秋很善於總結，基本上每個要點都說到了新手媽媽們的心坎上。了解一些新手媽媽的生活，對準媽媽們來說能被提前預告，並做好心理準備，

疲累

雖然法律規定產後可以放產假，但這卻是一個史無前例的累人假期。半年裡我沒有一天睡超過五個小時。有時凌晨兩點左右就會被寶寶叫醒，餵過奶，他睡了我卻怎樣都睡不著。這時的我，想上吊的心都有了！

晚上的睡眠就這樣弄得支離破碎的，白天的時候，往往忙了一天才發現自己還

沒刷牙洗臉。產假結束後我回醫院值夜班，因為是第一個離開寶寶獨自睡覺的夜晚，我睡得很沉。有病人時，護理師砸門都沒把我叫醒，只好拿梯子從窗戶爬進去叫醒我。這說明什麼？比起產假裡帶寶寶，在醫院值夜班大概還算比較輕鬆！

單調

孩子大一點的時候，還能有個互動，但是孩子剛出生那段時間，不會笑，沒辦法交流，就是吃、拉、睡，媽媽時時刻刻都在做拍拍抱抱餵餵這樣的事情。月子裡的那一整個月腦子裡就是想著：寶寶多長時間餵一次，一天換幾個尿布，夜裡起來幾次，這些顛覆了我的整個生活，離正常的生活又是多麼遠。有時候，我去洗澡不在寶寶身邊，心情都很矛盾，一邊擔心保母帶不好寶寶，想趕緊洗完了下樓去自己帶著，一邊又覺得不在寶寶身邊真是輕鬆自在，想多拖一點時間，然後又為自己的這種想法感到內疚。

孤獨

產後的生活重心全都在寶寶的一舉一動上，沒有同事沒有朋友，更不能隨便出門，因為還要定時餵奶，大部分時間都是一整天待在家裡，感覺與世界上大部分人失去了共同的話題。白天也常有一種「被困住了」的感覺。去超市購物算是奢侈的出行，但是腦海裡還總是寶寶的哭聲，還會著急地趕回家。

成功感缺失

我從小受的教育是像男孩子一樣好好讀書，有一份體面的工作，有經濟實力，受人尊重。上班的話，薪資多少是看得見的，升職與加薪更能證明妳的成績，但是，如果請保姆來帶孩子，該付保姆多少錢？在家帶小孩，也意味著工作和學業的停滯，而且現在三十歲左右，正是在事業上衝刺最關鍵的年齡階段。想起這個心裡就有些著急。

小秋遇到的這些情況是很多新手媽媽也會遇到的共同問題，據統計，百分之五十到七十的產婦產後都會經歷一段「藍色」憂鬱期，其中憂鬱程度較重，對正常生活影響較大的稱為「產後憂鬱症」（postpartum depression，簡稱 PPD）。按照美國精神病學會在《精神疾病的診斷與統計手冊》（*The Diagnostic and Statistical Manual of Mental Disorders*）一書中制定的診斷標準，產後兩週內出現的憂鬱症狀超過一定標準，可以診斷為產後憂鬱，因為其發病機制可能與體內激素變化有關，或是因生理、情緒等因素造成。

小秋的情況，也便於我們理解患上憂鬱症的原因，即產後離職在家照料小孩這種生活方式的巨大改變——醫學上稱為緊迫反應（Stress）——對母親心理造成衝擊，導致情緒失調。產後生活單調、過度勞累、自我價值得不到肯定是造成小秋出現產後憂鬱症的外在原因，內在原因是新手媽媽還未適應自己「母親」的角色。

母性不是天生的，而是「學習」來的。女孩出生後就從生活中學習。長輩、書籍、電影等等無時無刻不在「教導培養」女孩子們成為好母親。這種教導在現今社會逐漸被排斥的趨勢，所以對於新女性，尤其是習慣於自我獨立的職場女性，做母親意味著自我世界被「侵犯」，這讓她們很不適應。

當母親是世界上最偉大、最重要的職業，它需要最高深的學問、最堅韌的耐心、最深沉的真愛。由於目前人們對這份職業缺乏應有的尊重和理解，導致很多媽媽自己看不起自己，覺得僅僅用母親來定位自己，是一種貶低。像小秋單純地將自己的價值換算成金錢與保姆相比較，試問，媽媽和保姆對孩子的愛和投入能一樣嗎（當然，特殊情況除外）！

除了某些觀念要改變之外，要更好地面對做母親的挑戰，準媽媽或者新手媽媽

們可以從以下方面做好準備：

重新自我規劃

包括人生目標、職業情況、生活方式等，進行適當的調整。如我本人過去做網站管理工作，工作節奏快，壓力很大，經常加班。生了寶寶後就不可能再去從事類似的工作了。於是我重新進行了職業規劃，邊帶寶寶邊考到了心理諮商師的證照，之後結合自己的傳播專業，兼職做一些寫作和諮商工作。也有很多媽媽開電商或者重新學習新的技能，既能開始新的工作實現自己的價值又能兼顧家庭和孩子。

接受為了孩子，在某種程度上放棄自我

孩子進入了我們的生活，必然會分走我們的很多精力。但注意這絕不是完全放棄自我！孩子出生的前三年會占據媽媽的大部分時間，這個時候，妳的主要社會角色是母親，妳可能為了孩子沒時間逛街，也不能會友，更談不上長途旅遊，但妳仍然可以利用這段時間學習到新的東西來讓自己成長，如：營養學、兒童心理學、醫療護理甚至是烹飪方面，妳是否都有了新的知識和技能的成長？永遠不要將自己只定位為母親一個角色，這樣就不會失去自己。

不要指望孩子生下來妳就會愛他

慢慢培養對孩子的愛，並從中收穫樂趣。我的一個朋友曾回憶當初她剛看到生下來的寶寶的情形：啊！他怎麼這麼醜啊，快拿走！她說她當初對這個醜傢伙一點都沒有愛意，但是隨著與孩子慢慢有了互動，她才萌生母愛的情懷的。

找到其他方法應對照顧孩子的壓力

妳需要學會尋求幫助，如可以請自己媽媽或者婆婆幫忙照顧一段時間，留一點時間給自己。哪怕是躲在咖啡廳裡聽聽音樂，看一本小說，或者只是呆呆地看看路邊的人流，就可以助長很多心靈的力量。不要為自己不在寶寶身邊而對寶寶產生內疚感，妳的好心情對寶寶更重要。

和其他媽媽交流

和別的媽媽談寶寶是世界上最有趣的事。如果身邊沒有這樣的朋友，在育兒網站上到處看看也很開心。妳會驚喜地發現，居然有人和妳一樣，一邊吃著飯一邊津津有味地談著寶寶日常生活的問題。

很多新手媽媽覺得育兒困頓勞累，並且埋怨當爸爸的一點都不幫助自己照顧寶寶。實際上，當爸爸們想抱抱寶寶的時候，媽媽們往往會阻攔：「你這個笨手笨腳的，還是給我吧！」當孩子和爸爸在家的時候，媽媽們又總是不放心：「他是照顧不好寶寶的！」在這樣的資訊強化下，爸爸們越來越覺得自己在照顧寶寶方面很無能，因此，離育兒的工作也就越來越遠了。其實，大多數爸爸還是愛媽媽愛寶寶的，主要是媽媽沒有給爸爸機會參與，爸爸不理解帶小孩的辛苦。這不但加重媽媽的負擔，對爸爸也並不公平，錯過了許多親眼看見孩子成長的美好時刻。

小提示

聰明的媽媽要多讚美爸爸對寶寶的付出，強化他對寶寶的愛，同時，也要及時把寶寶對爸爸的依戀告訴他，強化他做父親的責任，這樣不僅能減輕媽媽育兒的勞累，也讓爸爸能共同感受育兒的幸福。

妳有育兒焦慮嗎？

我在和一些媽媽溝通的時候，發現很多媽媽存在育兒焦慮：看到有的媽媽幫寶貝報了親子班，她就算借錢也要去報，就怕孩子輸在起跑線上；看到有的媽媽為寶貝買了漂亮的新衣服，她就感覺自己寶寶的衣服是不是太舊了？有的媽媽表面上不停地誇自己孩子「寶寶真棒」，背地裡卻對我說「我家寶寶特別不愛說話讓我很煩惱！」更有焦慮過頭的媽媽，總是擔心自己做得不好，時時處於內疚之中，孩子感冒了，她懷疑是因為自己後半夜睡的太熟，沒能及時像貓頭鷹一樣徹夜值班導致的；看到別的孩子能流利地說幾個兒歌而自己的孩子做不到，就責怪自己平時沒有多花時間開發孩子的智力；自己的孩子比別人的孩子個子矮，就覺得自己在孩子的營養上沒有放太多心思……

各位準媽媽們，請記得，妳是個普通的凡人，不是神。

我們每個人都有自身的局限性，都會有遺憾有想不到的地方，陪著孩子成長固然重要，但是如果妳對寶寶的照顧過於投入，事無鉅細都要費盡心思，時間長了，便會感到自己情緒低落、失眠、注意力難以集中，嚴重的還會變得脾氣暴躁，甚至出現神經衰弱等生理不適症狀。隨之而來的便是生活品質下降，彷彿育兒成了讓人煩惱的責任，過去平靜的小家庭似乎因為寶寶降臨而被擾亂，喪失了生活最初的樂趣。這種嚴重的焦慮不僅傷害了妳的身心健康，同時，這種不良情緒還會傳染給寶寶，對他（她）造成不良影響。

育兒焦慮的原因很大程度上源於父母自身的恐懼，由於社會競爭壓力大，所以，成人們居安思危，未雨綢繆，要有超前的意識，因此，這往往導致家長對於孩子的期望值過高，總喜歡拿自己家的孩子與別人家的做比較，一有差距就驚慌失措，坐立不安，想方設法讓孩子被動地接受妳的調教。殊不知大人過多的焦慮會讓孩子不知所措，有時反而會讓父母的預期失算，甚至適得其反……

我曾看到一個媽媽在女兒七八個月的時候就開始訓練學習走路，嘴巴裡還說著：「寶寶真棒，妳看別的寶寶都不如妳學得快！」殊不知，在孩子的肌肉和骨骼還沒有發育到成熟的時候，就讓她進行身體不能承擔的事情，對孩子的發育沒有好處只有傷害！千萬要根據孩子身體發育的階段和特點去培養孩子，不要做揠苗助長的事情！

另外，還有一些媽媽對孩子的安全問題非常焦慮，擔心孩子會生病，天氣冷一點就不讓他去玩，有點危險性，堅決避免參與。這些過度的擔心只會禁錮孩子的天性。要知道，我們沒有力量去保護孩子的一生，所以我們也要給孩子受挫的機會。

雖然很多媽媽懂這個道理，但是還是不肯放手，圍著孩子婆婆媽媽地讓孩子厭煩。這些媽媽焦慮的背後都有著擔心失去孩子的終極恐懼，這是很多媽媽淪為「孩奴」的終極原因。由於自己極度恐懼這種後果，因此可能會為了孩子的安全而讓孩子失去快樂。對於三歲之前的孩子來說，只要孩子在自己的視野之內，不要太顧及孩子玩的是泥巴還是樹葉，只要孩子玩得很開心，都不應該剝奪孩子的興致。

曾經在一本書中看到一個媽媽和一位智者的對話。孩子已經青春期，執意要和朋友們去一個遙遠的地方探險，媽媽由於擔心安全問題而堅決阻止，結果母子兩個人鬧得很不愉快。其實這種問題會在孩子未來獨立性更強的時候頻繁出現。智者建議媽媽放手，和孩子一起做好必要的安全準備之後讓孩子去，並給他祝福，不要讓擔心這種消極情緒影響到孩子的快樂。這位媽媽說：「那如果我就此失去了他該怎麼辦？」智者的話意味深長：「事情分我的事、他人的事和老天的事，我們只能管我們自己的事，對於他人和老天的事我們是無能為力的。」

小提示

育兒焦慮的原因很大程度上源於父母自身的恐懼，由於社會競爭壓力大，所以，成人們居安思危，未雨綢繆，要有超前的意識，因此，這往往導致家長對於孩子的期望值過高，總喜歡拿自己家的孩子與別人家的做比較，一有差距就驚慌失措，坐立不安，想方設法讓孩子被動地接受妳的調教。殊不知大人過多的焦慮會讓孩子不知所措，有時反而會讓父母的預期失算，甚至適得其反。

有了好媽媽才有好寶寶

媽媽是孩子溫暖的港灣，也是讓有些孩子走向罪惡的直接推手。對於後一句話妳是不是感覺不可思議？天下哪個媽媽不愛自己的孩子，怎麼能害自己的孩子呢？那我們先看看一個案例：一名成績優秀，品德優良的孩子親手殺死了自己的母親！而這個母親呢？薪資不高，就在市場擺攤賺點錢供兒子讀書，讓孩子過著「吃飽穿暖，一心讀書」的生活。為了兒子她費盡了心血，但是她為了兒子的學習，不允許他有任何的興趣愛好，動不動就又打又罵，逼孩子考取他認為沒有能力考取的學校，孩子在高壓管教中，終於拿榔頭朝母親後腦砸去，將母親活活砸死！

這個媽媽看似為了孩子嘔心瀝血，但卻獲得了這樣的下場！這個媽媽不愛自己的孩子嗎？媽媽雖然滿懷愛孩子的心，但是教育方法不當不僅害了孩子也害了自己。因此，對於孩子，光有愛，沒有方法和智慧同樣是行不通的。這對於即將晉升為媽媽的朋友們來說無不是一個提醒。

現在的新手媽媽們，似乎面臨的挑戰更大了。因為現在的媽媽們不僅要照顧家庭，還要努力工作，而且工作時間更長，壓力更大。

在這樣的社會狀況下，媽媽們應該怎樣去了解我們的孩子？如何有效地溝通？如何更有效地培育孩子？成了媽媽們的當務之急。

二十世紀享譽全球的兒童教育學家瑪麗亞．蒙特梭利（Maria Montessori）觀察到，從出生到六歲，兒童會在這個時期承受急劇的身心發展，是影響力最大的階段。既然這個階段對於人的一生如此重要，那麼在這一階段，我們的孩子的都有怎樣的成長，而作為媽媽，我們又該如何根據不同階段的特點因「時」施教？

人的一生除了嬰兒期之外，還有漫長的道路要走，每個人生階段都會有不同的主題，作為媽媽的妳，是否有了相應的準備呢？

「媽媽」這個社會角色的責任，說容易很容易，只要妳生下了孩子，就可以當媽媽了，但是，說難又太難，要保證孩子的身心都能健康成長，妳不僅要具備一些醫學常識、營養學常識、尤其要具備一些發展心理學的常識，甚至需要了解胎教相關的知識……所以說，一個好媽媽，是需要大量學習的。

然而，現在這個資訊爆炸的社會，各種資訊又太多了，這時候更需要媽媽的自信，相信直覺，相信自己，不盲從，在大量的資訊和各種聲音的轟炸中進行獨立思考與判斷——什麼對孩子是最好的選擇。但是，這樣的強大的自信從哪裡來呢？

現在做什麼工作都需要「證照」，養花養草，養羊養牛，我們都需要事先學習和了解，養孩子，卻被很多家長認為能無師自通！父母，在擔任前是沒有經過什麼培訓的，都是倉促到位，有很多媽媽並未做好充分的準備就懷孕了，在未來的育兒路上，往往不能安心地履行媽媽的責任；

即便是做了一些準備的媽媽，她們的辛勞往往達不到期盼的效果，因為她們的思想、說話和行為，受到傳統文化、社會狀況、上一代的薰染等，只能重複過去的做法；

有的媽媽確實為孩子付出了全部的愛，每天像僕人一樣滿足孩子的所有要求，結果一方面使孩子無法獨立發展，而且變得沒有力量，甚至使孩子心理、智力都發展不足；

……

如何做一個好媽媽呢？做一個好媽媽的前提是要做好自己，要有自己獨立的人格和屬於自己的人生意義，將自己的生活過得有滋有味、豐富多彩，這樣我們才能在培育孩子的時候，分清楚什麼是自己的需求，什麼是孩子的需求，這樣才能建立最基本的自信，相信自己，相信自己的直覺，才能以真愛面對孩子。

因此，培養孩子的過程何嘗又不是媽媽自我修煉的過程！要做好一個媽媽的角色，著實不容易，就讓我們以專業的角度來面對這份賦予我們的神聖工作吧！隨著這項工作的深入，我們自身也都能得到全新的成長，從這個角度來說，這是何等神奇的人生過程！

現在有一些社會機構開辦「父母產前教育課程」，已經懷孕的或者準備懷孕的準媽媽們可以帶著老公去學習一些「父母學」的知識，為培育寶寶奠定一些基礎，還能促進夫妻兩個人共同的教育理念，避免將來在育兒方法上存在太大的差異而影響夫妻感情。

另外，如果自己在幼年的成長過程中有一些負面事件或者由於父母的原因造成了心理創傷，建議準媽媽先到一些心理諮商機構進行心理治療，或者參加一些心靈成長課程，只有自己的問題解決了，保證自己的心理健康，才能在未來對自己的孩子施以好的影響，否則可能會造成新的循環。

小提示

做一個好媽媽的前提是要做好自己，要有自己獨立的人格和屬於自己的人生意義，將自己的生活過得有滋有味、豐富多彩，這樣我們才能在培育孩子的時候，分清楚什麼是自己的需求，什麼是孩子的需求，這樣才能建立最基本的自信，相信自己，相信自己的直覺，才能以真愛面對孩子。

「媽媽」的角色轉換

從準媽媽到真正成為媽媽，這個心理過程並不是隨著孩子的出生就會自然過渡的。其中酸甜苦辣，唯有真正經歷才能體會。某雜誌曾邀請我談談這個變化過程，現在一起分享給那些還沒有正式上任的準父母們。

有一次，老公和我分享一個雜誌上看到的話題「你是何時感覺到自己是個爸爸的？」他不太好意思地說直到女兒坐著學步車在客廳裡仰著頭向他「哎哎」地叫時，正在樓上忙工作的他才忽然意識到自己當爸爸了。

已經經歷十月懷胎並品嘗了豪華生命體驗——自然生產的我，那時候還挺鄙視他，照理來說，我至少比他要提前一年半就有了當媽的體會了，那貪吃嗜睡、腹內的胎動、順產的策略部署、紊亂的睡眠、孩子一點一滴的成長，哪裡不融入了我這個當媽的感覺？這豈是男人能體會到的？

直到發生了一件事，重重地提醒了我，其實我還沒有完全融入到媽媽這個角色裡。

角色頓悟：我已經是媽媽了

那時候女兒剛會扶站，大概是八九個月的時候，我們一家三口一起去小叔家做客。晚上，我、婆婆和弟妹以及女兒我們在同一個房間睡覺。剛關上燈不久，我就感覺一個沉重的東西砸向我的嘴巴——大腦還沒反應過來，嘴巴已經嘗到了鹹鹹的滋味，流血了！

伴著女兒咿呀的聲音我知道怎麼回事了：我親愛的女兒在黑暗中抓起奶瓶亂砸，結果我就成了犧牲品！

上嘴唇火辣辣地痛著，滿口都是血，一股強烈憤怒和委屈充斥在我的胸口，我招誰惹誰了！白白挨了打，可是我能說什麼？還不能還擊，什麼都不能做！真的是有苦難言呀……

懷著強烈壓抑情緒的我一聲不吭地迅速坐起來，摸著黑拉開門跑向廁所，躲在裡面一邊哽咽地哭一邊擦拭滿嘴巴的血，憤怒的情緒在熊熊燃燒，可是無奈的陰雲布滿天空，一個聲音咬牙切齒地在說：氣死我了！一個聲音又馬上委屈地說：妳是媽媽了……

婆婆和弟妹都起來詢問怎麼回事，我不想把事情鬧大，讓其他房間的人知道，只好忍著怒火回到了臥室裡，一坐到床上，眼淚卻忍不住流下來。

那時候，我退回到了一個小女孩的角色，我受到了無辜的傷害，卻不能和傷害我的傢伙討回公道，只能忍氣吞聲。我多麼想到一個人的懷裡，指著傷害我的傢伙說：「她欺負我！」之後得到安慰和平撫。或者自己上去罵她一頓打她一頓也好，可是這顯然很不合適。

女兒好奇地從被窩裡爬過來，扶著我的後背站起，翹著小屁股，睜著十分天真十分無知的好奇眼睛，把腦袋靠到我的臉旁邊，對媽媽的情緒非常的不理解，完全不知道自己是罪魁禍首。

小傢伙不碰我還好，這一臉的好奇點燃了我內心憤怒的導火線：還敢來看我熱鬧！我一甩肩膀，她一屁股坐到床上，哇哇大哭起來。

聽她這麼一哭，內疚馬上襲擊了我，是啊，孩子畢竟無知啊，自己已經是「媽媽」了啊，是啊，我不再是那個處處受寵的公主了。那一刻，我似乎才真正完成了一個由「女孩」向「媽媽」角色轉換的交接儀式，「媽媽」這個角色才在我的靈魂裡甦醒。

當角色轉換的時候，我們不會那麼鮮明地意識到自己的生命已經到了一個嶄新的階段，往往在混沌中就迎來了生命的轉變，當寶寶誕生的那一刻，未必有多少父母能清楚地意識到自己要承擔的責任和義務，其實生活內容已經與過去大不相同，但我們的生活方式和人生態度還不能立刻發生改變，我們依然需要過去豐富多彩的個人生活，需要別人的疼愛，甚至需要伴侶一如既往的關注，但是孩子，會極大地改變這一切，如果不能面對這樣的現實，我們就會糾結、痛苦或者造成「產後憂鬱」。

角色轉換需要被儀式提醒

我是在孩子被我的肩膀甩開大哭的那一刻，覺悟到自己是個媽媽了，但是，如

果有更好的方式，我想或許會提前意識到這一點。

在女兒能跑的時候，我帶她去參加一個同學為兒子「慶生」的滿月酒宴，當時排場很大，入口處有迎賓人員負責嘉賓簽到，之後有司儀引導入席，同學、同事、親屬來自各個地方。

在老家，有太多的以「辦事」為虛，斂財為實的「慶祝儀式」已經讓我覺得麻木，在現居地，這樣的「俗事」很少碰到，我自己在「結婚」、「買房」和「生孩子」等人生重大問題上也一再低調，生怕落入令自己深惡痛絕的形式主義。如今參加同學的邀請，主要是想讓女兒多接受一些資訊。

但是，當同學夫婦兩個人抱著孩子，在臺上發表父母感言，由自己當父母想到自己父母的艱辛而向父母鞠躬的時候，我被深深地震撼了；當這對新父母抱著一個月的寶寶來到各個酒桌前，大家紛紛向他們慶祝，給孩子祝福的時候，我感覺到了好久未曾體會的莊重感……

那一瞬間，我明白了自己為何那麼晚才體會到當「媽媽」的感覺，那是因為當生命發生重大轉折的那一刻，自己的生活中缺少一個來自靈魂的「儀式」來提醒和引導自己，哪怕是以簡單的方式。

心靈的蛻變需要助力，心靈成長的節奏也有必要靠一些儀式來喚醒，我們在發生轉折的那一刻，才能更清楚地知道自己正在脫離過去，邁向未來。

我們可以靈活扮演各種角色

當「女孩」蛻變成「媽媽」的時候，也並不是一定要完全拋棄「女孩」的身分。當走向新生活，我們也沒必要和過去的自己徹底決裂。

當妳想購買某種衣服的時候，妳是否聽過這樣的聲音：「都當媽的人了，還穿得這麼嫩！」

當妳想和老朋友聚會的時候，妳是否聽過這樣的聲音：「妳就忍心把孩子交給別人？」

當妳脆弱無助想哭的時候，妳是否聽過這樣的聲音：「妳是媽媽，應該堅強！」

是的，當我們進入「媽媽」的角色裡，偶爾會聽到這樣的聲音，它們批判著我們，指責著我們，高呼著讓我們與過去的自己徹底決裂，有時候讓我們左右為難，或者感覺受到了束縛。這些聲音，有時候來自於外界，實則來自於我們自己的內心——如果我們的內心沒有這樣的想法，我們也就不會在乎別人的評論。

我們就這樣被「媽媽」這個角色綁架了——我們確實邁向了新生活，可是在新生活裡，我們失去了太多的東西，想要回頭已惘然。如果妳也曾經遭遇過我過去這樣的心境，妳一定和我一樣被「媽媽」這個角色所困住了。

「女孩」和「媽媽」兩個角色是可以並存的。「媽媽」這個角色意味著給予別人關注和愛，「女孩」的角色意味著需要別人的關注和愛。並不是當了「媽媽」後，這個角色就一定要悲壯地替換掉那個女孩的角色，它們並不需要存在非此即彼的關係。當我們的內心讓出一個足夠大的空間給「媽媽」之後，還可以為自己保留一個當「女孩」的空間，這個空間得到了充分的滋養，「媽媽」的空間才會充分獲益，得到足夠的支持，否則，「媽媽」的空間就成了無源之水。

當「媽媽」的角色出現在生命裡時，並不妨礙妳另外的角色扮演得更好。

妳可以是一個慈愛的媽媽，妳也可以是一個玩滑板的嘻哈女孩；

妳可以給孩子無限的寵愛，妳也可以在父母和老公那裡撒嬌；

妳可以為孩子勇敢地扛起一片天，妳也可以躲在男人的懷抱裡偷偷地哭泣；

……

從「女孩」走進「媽媽」的角色裡，之後需要再走出來，讓各類角色和諧相處，我們才能更加靈活，更加豐富多彩地生活。

小提示

「女孩」和「媽媽」兩個角色是可以並存的。「媽媽」這個角色意味著給予別人關注和愛，「女孩」的角色意味著需要別人的關注和愛。並不是當了「媽媽」後，這個角色就一定要悲壯地替換掉那個女孩的角色，它們並不需要存在非此即彼的關係。

全職媽媽或職場媽媽？

育兒類的網站上包括身邊的很多新手媽媽們，都在為「上班還是在家帶孩子」而痛苦掙扎。一方面，如果媽媽上班，把孩子交給別人來照顧，那會很捨不得；另一方面，如果在家帶孩子，又擔心自己的事業就此擱置，將來恐怕會和社會脫節，就很難再有合適的工作了。還有的人是因為經濟原因，老公一個人不能支撐家中的開銷，因此，媽媽們不得不出去工作來一起養家。

網路上看到一個媽媽心酸的講述：

「寶寶生下來後，一直是我和我媽帶，寶寶六個月的時候，我的產假休完就去上班了，於是，請了個保母幫我媽做做家事，但是寶寶七個月的時候，保母說她家裡有急事要走，我一時手忙腳亂，不得已只好將寶寶送回老家，讓我爸媽一起帶。

就這樣，現在我和寶寶分開快一個多月了，一閒下來的時候，思念不停蔓延，我很想寶寶，可是我的工作又太忙，寶寶在的時候，每天寶寶孩沒醒，我就去上班了，晚上九點十點才回到家裡，這時，寶寶早就已經睡著了，週一到週五，基本上是沒時間和寶寶交流的，唯一只有週六和週日有時間。所以，即時把寶寶接回來，又有什麼用呢，我還是沒有時間照顧他。看著寶寶一天天長大，我一天天地錯過他成長的歲月，心裡真的好難受。可是，如果不上班，當全職媽媽的話，我又捨不下每個月五萬多的收入，也不想讓寶寶爸爸獨自承擔經濟壓力，畢竟，我的收入也不算少。

我該怎麼辦呢？真的好想寶寶，每每看見社區的孩子，我就想起自己的寶寶，聽見別人家的寶寶哭，也讓自己的心裡很難受。」

看了這個媽媽的文章，我忽然想起過去在書中看到的相似案例，就是一些孩子從小被寄養在爺爺奶奶或者外公外婆家，沒有與父母建立起來充分的依戀關係，結果再次返回家庭之後，由於情感磨合不當，再加上父母對孩子過分要求學業成績而忽略了情感上的溝通，結果最後造成家庭悲劇。

嬰幼兒時期缺乏母愛（「母愛」這種愛可能不局限於自己的母親，也有可能出自奶奶或者養母等人。這裡指的是撫養者高品質的關注和陪伴）的孩子，內心缺乏自信心和安全感，他們無法感受到自己的價值，從而容易感到自卑、憂鬱和憤怒。他們缺乏愛的能力，不能與他人建立健康的關係，無論是友情、愛情或親情。他們感覺不到世界是安全的，而是經常處於一種惶恐不安的狀態，既不能信任自己，也不能信任任何人，這種心態對於他們來說非常痛苦。他們也最容易做出反社會行為，最容易犯罪。一句話，缺乏母愛的孩子，一輩子不會感覺快樂，也不會幸福。

健康的依戀關係是親子關係的基礎，如果這種親密的依戀沒有建立起來，孩子與父母之間以後就很難再有高品質的親密關係了。而這種依戀，正是嬰幼兒期建立起來的，關於嬰兒與父母的依戀關係，心理學家約翰．鮑比（John Bowlby）透過對母嬰的觀察和研究，有過突破性的發現。大約在六個月到兩歲這段期間，孩子會依附於那些與他們互動頻繁親密的成年人。心理學家沙佛爾(H.R. Schaffer)和愛默生(P.E. Emerson)根據對新生兒一週歲前的追蹤調查，將這種依附行為的具體開始時間鎖定在七個月。通常是依戀母親，一旦依戀關係形成，終生不變。鮑比一再強調，沒有經歷溫暖和恆常的依戀關係的幼兒，長大後難與其他人形成健康的關係。「嬰兒期的母愛對心理健康來說，就像維他命和蛋白質對身體健康一樣重要。」

開創了精神分析學說的佛洛伊德（Sigmund Freud）早就指出，母親盡心地照料孩子，孩子就能獲取信任和樂觀的態度，這種態度將會伴隨他一生。反之，如果孩子的需求得不到滿足或者這種滿足經常被拖延，他會由於自身的無能為力而哭泣並發怒，長大後變成一個悲觀而缺乏信任的成人。佛洛伊德認為產生精神官能症的關鍵期是在六歲以前的兒童期，儘管其症狀可能很久以後才顯現出來。一歲之內的經歷對兒童今後的生活來說至關重要。

既然孩子早期的依戀關係如此重要，那麼媽媽們如何才還能建立好這種安全型的依戀呢？

嬰兒依戀的性質最根本還是取決於與嬰兒有關的媽媽的行為，依戀是在嬰兒與媽媽的感情交流中逐漸形成的，在這一過程中，媽媽對嬰兒發出的信號的敏感性和對嬰兒的關愛的回應是最重要的，如果媽媽能非常關心嬰兒所處的狀態，注意聽取和解讀嬰兒的信號，做出及時、恰當、關愛的回應，嬰兒就能發展出對媽媽的信任和親近，形成安全型依戀（Secure attachment）。

安全型依戀的嬰兒成長至三歲時一般都會變得非常自信，在嬰兒期建立了安全型依戀關係的孩子會表現得堅強、自制力強、具領導力和同理心；相反地，沒有建立安全型依戀關係的孩子表現出行為的不確定性，表現得迴避、退縮、缺乏好奇心。安全型依戀關係的嬰兒之所以有自信去探索世界，是因為他們把父母當作安全穩定的後盾，隨著年齡的成長，自信更能使他們變得獨立起來。愛通常是滋養自信和獨立的土壤，如果我們知道有人愛自己，會更容易獨自去面對世界。

如果孩子在嬰兒期的照顧者頻繁變動，那麼孩子以後就很難對其他人培養起信任關係，因此這個時段最好有一個固定的照顧者。當然，如果孩子小的時候就一直由外婆或者奶奶獨立撫養，媽媽因為工作無暇照顧孩子，也不能和孩子居住在一起。長此以往，孩子就會對她們建立起依戀關係，很難與媽媽親密。

孩子的智力發展，也必須自嬰兒時期得到細緻入微的觀察和關注。因為，嬰兒最早有關智力的行為表現，常是倏忽即逝，要靠照顧者捕捉、發現並培養它。

長輩帶孩子，在教育方法和精力、體力上是否能滿足孩子成長的需求？即便是長輩能很好地照顧孩子，妳能接受將來孩子不能與妳建立牢固的親密關係的現實——那是妳在未來努力彌補也收效甚微的。

這些就是妳在孩子嬰幼兒時期選擇離開所要考慮的。如果是被迫上班，最好也要和孩子居住在一起，以保證下班後和週末休息時候的親子關係。

有一位著名的兒童教育專家選擇了在孩子三歲前在家陪孩子，她這樣說：「在孩子生命的前幾年，與他朝夕相處，一方面熟知他的成長過程，充分了解他的思想感情，掌握他的脾氣秉性，這樣可以為今後成功地教養培育他打下基礎。另一方面培養我們之間的感情依戀，培養他對父母的信任，給他完善的家庭安全感，讓他知道，不管發生了什麼事情，媽媽永遠在他身邊，第一個給他鼓勵、安慰和支持，是他最知心的朋友。安全感使他獲得自信心，由此自信心他最終可獲得獨立。」

很多媽媽面臨家庭和事業之間的選擇時感到左右為難，很大原因是內心有恐懼，害怕被別人看不起、害怕被社會遺忘、害怕被丈夫拋棄。這與社會對全職媽媽這個工作缺少必要的尊重和認同是密不可分的。但是，我們一旦了解了在孩子的成長初期媽媽的重要性之後，首先要和老公達成一致性的意見，要讓老公明白全職媽媽的價值，他的支持很重要。

另外，也不要有為了孩子犧牲自己的想法，如果有這樣的心態，怨天尤人，甚

至期待孩子對我們感恩戴德、順從並且報答，那也不是真正的愛。

當然，我們每個普通的女人不可能都做到像教育專家那樣有理論思想，也不是都有做全職媽媽的經濟條件，每個個體和每個家庭都有屬於自己的獨特性，每個生命都各不相同，但沒有一個人的生命是完美無缺的。妳選擇了一種精彩，就放棄了若干種絢爛。魚和熊掌是我們永恆的糾結。事業和孩子的問題遠比魚和熊掌複雜得多。倘若放棄了魚，至少妳的熊掌會吃得很愉快。可是如果妳為了養育孩子而不去上班，內心又是將事業放在第一位的女人，那麼糾結的妳會很不開心，這種不良的情緒對孩子的成長也沒有好處。因此，一定要知道自己內心將什麼放在第一位，去勇敢的追求，但是無論怎麼選，遺憾都在那裡，不多不少。

女人，妳可以把事業定義為最重要的，也可以把做一名好媽媽作為至上的選擇。但是一定要牢記：選擇並沒有對和錯，關鍵在於妳要堅持自己的意願。

在不完美的現實中，沒有最正確，只有不斷妥協。明白了這個道理，才算是活出了智慧，有了這種智慧，才能更好地當父母。

小提示

女人，妳可以把事業定義為最重要的，也可以把做一名好媽媽作為至上的選擇。但是一定要牢記：選擇並沒有對和錯，關鍵在於妳要堅持自己的意願。

不做「孩奴」媽媽

夏夏媽咪是一個全職在家三年的媽媽。當別的媽媽羨慕她能天天和寶貝在一起，能夠按照自己的想法來養育孩子時，她卻積了一肚子苦水恨不得遠離全職媽咪的生活。最近，在「房奴」、「卡奴」等名詞之後，又興起了「孩奴」一詞。夏夏媽說她自己就是一個標準的「孩奴」。

說實話，全職照顧寶貝的生活很忙碌、很辛苦，而且很單調。

我每天早上七點起來消毒奶瓶、洗漱為全家人做早餐。八點多時，夏夏醒了，我幫他穿衣、餵他吃飯。幫小孩子餵飯絕對是一個考驗人耐心的事情，一點點粥和饅頭，他吃一個小時還吃不完。手裡不停地玩，小嘴含著饅頭既不嚼也不咽。真是急死人了！九點多，孩子吃完飯，我也抽空往自己嘴裡塞一點飯，然後簡單收拾一下就帶寶貝出去晒太陽，並且順路買菜。

十一點多我帶孩子回家做飯。這個時段我總是提心吊膽的。時不時要從廚房裡出來看看寶貝。我怕他摸插座、玩我的手機或剪刀，總要時不時地看著。孩子總是能製造各式各樣意想不到的麻煩。

吃完飯後，我陪他一起睡午覺。通常我都是等他睡著後，悄悄爬起來看看電視或手機。因為這是我一天中唯一的獨處時間。

午睡後，夏夏一般在三點多醒來，我照舊要帶他出去玩。五點多回來做飯。老公一般七點多到家，然後全家一起吃飯。晚上九點多，開始幫夏夏洗漱哄他睡覺。十點多等他睡著後，我開始收拾房間、洗衣服，燉點排骨、雞之類的。十一點多，我洗漱睡覺。

這樣的日子過一個月就會讓人瘋掉：每天得對付夏夏不好好吃飯，玩具丟得到處都是，防備他去摸危險的東西。我已經不記得我上次無憂無慮地吃飯是什麼時候了。更鬱悶的是我非常孤獨，沒有人跟我說話。夏夏只是一個說話還不太清楚的孩子，我只能哄著他而不可能跟他聊天，老公下班回來不是抱怨這個就是抱怨那個，要不就是不說話。有時，我讓他陪我說說話，他很煩，說他賺錢已經夠辛苦的了，沒義務陪我聊天。句句話都令人寒心。

在懷孕期間，我和老公有過很美好的那麼幾次。可是生產之後，我夜夜都陪夏夏睡，很少和老公在一起了。夏夏現在都快三歲了，我們總共也就有過三四次。網路上說，像老公這個歲數，一週要有兩三次左右。如果他在想要的時候，我沒能及時給他，那他會找什麼發洩出口？天哪！這個問題我想都不敢想。有時，我也向他提出來，可他完全沒有理會我。

我知道我自己的樣子也變了很多。我變胖了很多，沒時間運動，也沒辦法節食。因為夏夏正處於「有樣學樣」的階段，我一不吃飯他也學著不吃飯。老公看見又是一次大吵。

後來，我們已經不再為性爭吵，各管各的，但是錢這個問題避不開。老公每個月收入四萬多元，在現居的城市裡，這樣的收入實在不算高。他負擔我們的生活費、寶寶的奶粉錢等等費用很吃力，每個月幾乎不能存下一點錢。

老公特別反對我花錢，買衣服、化妝品之類的想都不要想（既沒這個預算、也沒這個時間），就連為寶寶買點魚、蝦、牛肉之類的也要嚴格控制。每次跟他要錢都很痛苦，他經常奚落我：什麼錢都賺不來，就知道在家吃現成的。天哪！當初我的薪資可比他的高，而且我辭職也是他先提出來的。當初對我說好聽話，說我犧牲自己成全大家，如今什麼也不提了。

這樣的婚姻、這樣的丈夫還有什麼意思？但我不能離婚，不想讓夏夏很早就沒有爸爸。但是生活維持下去也很難。我的出路在哪裡？

夏夏媽媽的情況，相信初當媽媽的人都能深有體會。孩子出生後，整個家庭發生了很大的變化。對於新手媽媽來說，角色發生了轉變，由過去被老公疼愛的小女人變成了要做出巨大犧牲的母親；社會地位發生轉變，由過去的職場白領變成家庭主婦；生活相對封閉，過去可以自由自在做很多事情，但是現在只能在家裡面對孩子，很多地方去不了，很多社會活動都不能參加；經濟上面臨緊張局面，由於媽媽不能上班，家庭收入減少，而孩子的消費又很高，很容易讓家庭在經濟上捉襟見肘；與老公的關係緊張，過去兩個人有足夠的空間和時間享受美好的生活，但是自從懷孕到孩子整個嬰兒期，夫妻的性關係都會受到很大的影響。由於經濟壓力、缺少正確的溝通方式，在孩子出生後，夫妻雙方對婚姻的滿意度都會有所下降，這是個很普遍的現象。

在這樣的情況下，新手媽媽該如何在這樣受壓迫的空間裡學會愛自己以及維護好自己的家庭呢，這裡給出一點建議供參考：

要盡量適應自己的新角色

過去自己是女孩，而有了寶寶之後，自己已經是母親，已經步入成熟女人的階段了。很多新手媽媽的痛苦就在於還是苦苦留戀過去當「女孩」時候的種種好處，看到過多新角色的弊端，處於兩個角色交替的混沌狀態，不知自己已進入了一個新的人生階段。因此，當妳當全職媽媽的時候，盡量在觀念上考慮當新角色——媽媽和成熟女人的種種好處：妳的氣質會發生改變，妳的眉眼雖然會漸漸退去單純，但是慈愛之情會讓妳全身散發出成熟的女人味；妳的性情也會發生改變，過去可能任性且事事以自己為中心，當了母親的妳會變得更加有耐力、更寬容，也會體會到自己父母養育自己的不易，從而學會愛別人；妳的人生觀也會發生改變，過去有的人可能不太喜歡孩子，但是有了自己的孩子之後，就會變得對全世界的孩子都懷有深深的母愛之情，那種感受別人切膚之痛的能力才真切地、充滿慈悲之情地在妳的心靈中生長。總之，妳的人生即將進入一個全新的階段，這裡有很美的風景等待妳體會。

把養育孩子的過程作為一個修復自己的機會

我們每個人在成長過程上，會無意中受到很多來自父母的傷害，這種傷害可能會影響我們一生。很多受到傷害的人發誓不再像自己父母對待自己那樣去對待自己的孩子，可是我們往往無意中將過去父母對待自己的模式傳承到下一代身上。比如，有的人小時候不受父母的尊重，雖然意識上告誡自己不要重蹈覆轍，但是卻不由自主地又這樣對待自己的孩子。或者矯枉過正，自己小時候沒有得到滿足的，就拚命地滿足自己的孩子，這樣也可能形成另一種極端，對孩子造成錯誤的教育，如小時候總穿舊衣服，就不停幫自己的孩子買各種新衣服，自己小時候沒吃到什麼，就幫孩子買各種食品，結果可能造成溺愛。因此，在養育孩子的時候，要提高自己的覺察能力，注意自己與孩子的關係模式，哪些事件碰觸了自己過去的傷？哪些行為是為了滿足自己？撫養孩子成長的過程，同樣也是愛護自己內心的小孩的過程，當妳用恰當的方式對待自己的孩子，也是愛自己、修復自己的機會。

養育孩子的過程自己也能得到成長。新手媽媽雖然每天面對無盡瑣碎的、單調的生活、封閉的空間和失去與更多人交流的機會，但是只要妳把這種工作當成是修煉自己的成長機會，磨練自己意志的人生考驗，就能去除一些焦慮煩躁，安心地面對寶寶和家人。

在社區裡尋找自己的朋友圈

當了媽媽之後，自己的活動範圍一般就在本社區之內，最遠可能是推著嬰兒車到體力所能及的範圍，一般不會超過一公里。由於照顧寶寶，過去的朋友也無法在一起了，不是人家沒寶寶和妳沒共同話題，就是人家也有了寶寶忙著照顧自己的孩子，而寶寶三歲之前，又不太方便外出，因此，妳的朋友只能在本社區的新手媽媽裡面尋找。其實，只要妳注意，就會發現那些準媽媽和抱著寶寶出來晒太陽的新手媽媽們還是有很多的。大家由於有共同的話題很容易談得來，如果感覺白天總是獨處一室很孤單，可以互相到對方家做客，今天帶著寶寶去別人家，明天可以讓別人帶寶寶來自己家，從小讓孩子有一起長大的玩伴對於孩子來說很重要，孩子能避免孤單，妳也有了自己的夥伴。如果關係好，還可以互相帶孩子們一起睡覺和吃飯，改變平時單調的生活。

注意和丈夫溝通好感情

很多媽媽因為照顧孩子過於勞累因此常有抱怨，丈夫在外面工作辛苦一整天，本身也可能帶有負面情緒，於是雙方的負面情緒相碰，很難達成有效的溝通。不停地嘮叨會讓人產生不耐煩的情緒，破壞夫妻關係。唯一能做的，就是盡量將負面情緒在丈夫回家前消滅掉，多和丈夫說些孩子的趣聞，多提到孩子對他的愛，週末多帶著丈夫去參加親子班和親子遊戲等，這樣才能慢慢培養丈夫對父親角色的認同，找到這個角色的樂趣從而更加願意主動幫助妳帶孩子。能儘早和孩子分床睡最好，這樣不僅能鍛鍊孩子的獨立能力，也能找回你們的性生活，缺乏身體接觸的夫妻感情上也會慢慢變淡，這個也不能輕視。

力所能及的培養一些生活情調

在家裡帶寶寶的時候，可以放一些優美舒緩的音樂，這樣不僅能陶冶孩子的性情，還能緩解妳的煩躁。產後都會造成身體的肥胖，可以從網路上和書上找一些恢復身材的方法，在照顧寶寶的同時也可以實施減肥計畫。在和丈夫相處的晚上，也不妨在角落裡點個小蠟燭或者放置香薰來烘托氣氛等等，這些不用怎麼花錢但是卻能提升生活情調的小方法可以和社區裡的朋友多溝通，也可以趁孩子睡覺的時候上網查查看。

小提示

在養育孩子的時候，要提高自己的覺察能力，注意自己與孩子的關係模式，哪些事件碰觸了自己過去的傷？哪些行為是為了滿足自己？撫養孩子成長的過程，同樣也是愛護自己內心的小孩的過程，當妳用恰當的方式對待自己的孩子，也是愛自己、修復自己的機會。

讓孩子感受到「被愛著」

在當今很多行業都講求「競爭」的背景下，人們越來越容易有攀比之心，「媽媽」這個行業也一樣。

為了孩子的明天，為了證明自己是個好媽媽，很多女人把自己的時間和精力都放在了孩子的身上：費盡心思布置孩子的房間、幫孩子買漂亮時尚的衣服、帶孩子參加各種有趣的活動、參加父母培訓學習……但是，她們經常會看到別的媽媽有更好的一面，別人的經驗經常讓我們自愧不如。更加令人失望的是，有時候孩子還會怪我們「不夠愛他」，那種付出被忽視的感覺和沒有感激和良性回饋的資訊經常讓很多媽媽很崩潰。

問題到底出在了哪裡？為什麼付出了這麼多的努力，最後心底裡還會升起對自己的懷疑：我還不是一個好媽媽？

在家長聚會上，我看到很多媽媽有這樣的沮喪，感覺自己總不如這個媽媽、那個媽媽，有時候甚至不知道該怎麼去做。

確實，做媽媽是一項需要終身修煉的職業，是一項藝術，也可以算是一個需要技巧的工作，怎麼把握這個尺度？我也曾深深地陷入過迷惘。

一次，有兩個朋友從外縣市來我家做客。我五歲的女兒剛開始面對陌生人還挺害羞的，當我拿出女兒的畫來與朋友們分享時，女兒一下子開放了起來，興致勃勃地把更多的畫拿出來，來到兩個阿姨身邊，慢慢地開始接受朋友把手放在她的肩膀上，朋友認真地傾聽著她對自己作品的講解，沒過多久，女兒竟然坐在了一個阿姨的膝蓋上。

後來，女兒提出要幫朋友畫像，讓朋友當模特。朋友同意了，一動也不動地坐在沙發上。而當時，我家人很多，旁邊就是熱烈的聊天，而我的朋友卻不為所動，專心安靜地坐在那裡，女兒也靜靜地畫著。當女兒畫完了，朋友給予了很高的評價，並且指出女兒畫得好的細節，女兒越來越興奮。

晚上的時候，兩個朋友鑽進了被窩，我則在床邊繼續聊天，女兒自己主動要求和兩個阿姨一起睡，她們穿得很少，肌膚相擁在一起，女兒和朋友的歡笑聲不時響起。

第二天一早，朋友們要離開了，臨行前，那個曾經讀體育系的朋友把女兒高高地舉起，拋上去又接住，足足玩了七八次，最後她們親了又親。

當朋友轉身離開，女兒破天荒地哭了起來，這在她小小的生命裡還是特例，而且只有一個晚上而已！女兒邊哭邊說：捨不得阿姨走，阿姨好愛她，她也好愛阿姨。

女兒的淚讓我驚訝又讓我反思：為何朋友一晚便俘獲了女兒的心？

哦，是她完全徹底的投入，真實而毫無保留的欣賞，還有充滿愛心的付出，最重要的是，她和女兒一起的時刻，全然地活在屬於她們兩個人的世界裡……

朋友教會了我應該怎麼當媽媽：讓孩子感覺到自己是最重要、最精彩的人，讓孩子感覺到媽媽在一心一意地在做媽媽。

頭腦裡不由地想起很久以前看到的那篇打動了很多人的文章：一位整日繁忙的父親回到家後，小兒子詢問他工作一個小時是多少錢，並向他借一些錢。心緒煩躁的父親感覺這個孩子很無聊，總是無事生非，「我每天為你們賺錢這麼辛苦，回家後只想好好休息！」父親煩躁而冰冷地拒絕了他這個小孩子的遊戲。小兒子默默地回到自己的房間裡，不再說話。晚上父親感覺自己的態度太粗暴了，為了緩和關係，他把孩子借的錢送到他的房間，並且詢問他為何借錢。沒想到小兒子說：我想買你一個小時的時間和我一起吃早餐……

我們都希望自己的孩子聰明伶俐，長大後能夠成龍成鳳，但是我們在付出的時候往往從自己的主觀意識出發，我們對孩子的期望往往很自我，沒有充分地考慮到孩子的感受和自身情況。有時候，你可能感覺還應該為孩子買更多的東西，做更多的事情，你可能覺得自己辛苦工作，忙得吃不上飯睡不上覺就能為孩子提供更好的生活。但是，這些往往並不是孩子真正想要的。

作為家長，我們的陪伴和注意力勝過一切孩子們所參加的活動和經歷，因為我們的愛和關注讓孩子覺得他們是被愛、被關注著。這樣他們也會得到安全感和歸屬感，成為自信、有較強適應能力的人。

親愛的各位，你們為人父母的旅途已經開始，也許你們沒有這個父母、那個父母看上去優秀，但請不要在意這一點。你只要知道：孩子最需要的，只是你本身；

你帶給孩子那種獨一無二的愛，才是孩子最需要的。

小提示

作為家長，我們的陪伴和注意力勝過一切孩子們所參加的活動和經歷，因為我們的愛和關注讓孩子覺得他們是被愛、被關注著。這樣他們也會得到安全感和歸屬感，成為自信、有較強適應能力的人。

附錄7．產後三天，新手爸爸應做的事

相對於一些準爸爸來說，我算是過來人了。說起老婆懷孕以及生產前後，真是如夢一般。尤其是老婆生產後的三天，我忙得連鬍子都沒時間刮，看著老婆身上插著各種管子，我真是非常心疼，只能盡自己最大的努力去照顧她。在這裡我想要和各位兄弟分享一下我的重要心得體會，算是給準爸爸們一點建議吧。

想辦法安穩老婆的情緒

老婆在鬼門關前走了一遭之後，身心疲憊那是可想而知的，雖然我們不能親身

經歷，但是沒吃過肥豬肉，也見過肥豬走嘛！看書上說，除了傷口的疼痛還有體內激素的變化，可能情緒會不穩定。我老婆那陣子看起來就挺「嬌氣」的，但是我們做老公的一定要體諒，畢竟人家做出了那麼大的貢獻，我們能做的就是努力照顧她，安慰她，扶她上廁所，餵她吃的，幫她擦洗。盡量讓老婆平安地度過這一段時期。雖然我們也很辛苦，但是一輩子這樣的情況也沒有幾次，如果表現不好，老婆一輩子心裡過不去，那我們就太過分了。

鼓勵老婆讓孩子早吮吸

老婆剛生完寶寶，醫院都會提倡讓孩子早吮吸。我親眼見到老婆「開奶」的過程，無比敬佩女人的偉大。那可是一口口將乳頭吮吸出鮮血來，奶才會在血之後出來……我見證了這一過程，明白了為什麼說奶水都是母血變來的……我老婆很勇敢，忍過了這一疼痛，孩子很快就有奶吃了。可是同病房的另一個產婦，就因為怕痛，沒有讓孩子早吮吸，結果孩子餓得哇哇大哭，最後沒辦法只能餵孩子喝沖泡奶粉，最後直到出院，她也沒有奶水。看來，讓孩子早吮吸是很有必要的。如果妳老婆到時候怕痛，一定要鼓勵她克服一下，畢竟母乳餵養對孩子的好處多多。

準備筆記本、錄影機等設備

孩子剛出生，不是準備一個照相機拍完照就算了。在醫院，醫生和護理師會為新手爸媽講很多育兒、保健方面的知識。老婆正處弱養病中，大腦也不是很靈活，你就別指望她能記住多少了。這時候就必需要發揮我們的作用，醫生護理師會和我們說一大堆的資料，什麼一天四次幫孩子量體溫，每次保持五分鐘，這是補鈣的，每天四分之一袋，分三次餵給孩子，每次加十毫升溫水……什麼樣的腦子能裝下這麼多的內容，不當機才怪。因此，準備筆記本和錄影機是非常有必要的。錄影機的功能除了記錄護理師的N多叮嚀，最好還要錄下護理師幫孩子洗澡以及撫觸的全過程，這樣回家後幫孩子洗澡和撫觸就可以借鑑了。

做好檔案管理工作

為了讓老婆放心，我們必須細心。雖然陪在她身邊這幾天也非常辛苦，但是一定要振作精神，馬虎不得。住院雖然沒幾天，但是需要辦理的雜事非常多，比如出生證明、寶寶的兒童健康手冊、孕婦健康手冊、辦理出院的文件、可以報銷的文件……一定要分門別類地放好。你別嫌麻煩，重要的幾天一定要練習靜心，這確實是個考驗男人的時刻，不過你多提前聽聽「老人言」，一定會順利度過的！

——樂樂爸　寶貝一歲三個月

小提示

在醫院，醫生和護理師會為新手爸媽講很多育兒、保健方面的知識。除了照相機幫寶寶照相之外，還要準備筆記本和錄影機，以便記錄醫囑和新生兒洗澡、撫觸全過程，以便回家繼續效仿。

附錄8．母子出院，新手爸爸應做的事

經歷了生產的痛苦和分娩的喜悅，又經歷了幾天在醫院夜不能寐的生活，度過了開奶、黃疸等關口，產房照也拍了，寶貝的胎便也排了，新手媽媽終於到了可以榮歸故里的日子了。

對新手爸爸來說，我們如何讓新手媽媽順利做好這個過渡呢？一些有愛有智慧的新手爸爸們是這樣做的：

肉麻話加擁抱

老婆在醫院裡的時候，因為礙於環境和照顧的家人，我不太好意思和老婆親密，如今終於回到了自己的家，我就可以放開了去表達自己了。第一天我趁臥室沒有人的時候，把老婆摟在懷裡，在她耳邊悄聲地說：「孩子她媽，妳真的很偉大！這幾天妳真的太辛苦了！」這話聽上去似乎有點肉麻，但是老婆卻感動地留下了兩行清淚。我心想，自小嬌生慣養的她一定覺得受了很多委屈，流點淚也好，說明我說對方向了，老婆產後憂鬱的可能性也能大大降低很多。

——DEDEN　寶貝八個月

備好新手媽媽的特殊裝備

因為我姐姐比我們早半年有孩子，因此在我老婆快要生之前，姐姐對我耳提面命傳授了很多經驗，我也是個愛生活愛老婆的人，因此自然不敢懈怠，一一記在本子上。在老婆從醫院回來之後，首先，我獻上兩件物品：餵奶長袍和哺乳枕。餵奶長袍可以為正在餵奶的老婆抵禦寒冷，防止老婆著涼，也能解決老婆餵奶時擔心蓋被子會悶到孩子的問題。哺乳枕可以緩解新手媽媽餵奶姿勢不正確的問題，可以讓老婆少一點煩惱。當我獻出這兩樣東西的時候，在場一個好朋友的老婆立刻哭了，說她老公從來就沒有這麼用心關心過她，她當初多麼多麼委屈……唉，看來關愛老婆的時機也要注意，不要讓其他的丈夫記恨才好。各位兄弟要切記。

——會飛的魚　寶貝九個月

與新手媽媽一起照顧孩子

在我家靈兒生寶寶之前，我們共同學習過一些關於育兒的書，了解到很多新手爸爸在育兒的工作上很少能參與。因為這些男人總感覺自己笨手笨腳的擔心弄壞了那一小團嬌嫩的肉肉，很多家庭的女性成員也會將他們推開：「走開，看看你們那麼笨！」這讓我們這些爸爸們剛剛升起的熱情被潑了一盆冷水。由於我們學習過，因此，我和靈兒都對此有了心理準備。在之後的育兒工作中，我自己也親力親為地做了不少，而靈兒也聰明地一直肯定我，因此，我就越做越好了。其實小寶貝哭鬧無非就是那幾個原因：餓了、拉了、尿了、冷了、熱了、想找人抱了、病了。所以只要我們一一解決，基本上就沒事了。如果孩子餓了，只要把手指頭輕輕放在寶貝的嘴角，如果寶貝立刻把嘴轉過去咬你的手指，就說明他真的想吃了。如果上廁所

了，只要一翻他的紙尿褲就知道啦，這個很簡單。寶貝如果熱了，有時候臉上會起小紅點，還有個很簡單的方法，就是摸摸他的後背有沒有出汗，如果出汗了，就要適量拿掉一些被子。寶貝一個人待的時間長了，沒人理會他，他也會因為煩而發脾氣哭鬧的，這時候我只要一過來，用我那充滿磁性的嗓音輕輕哼一首胎教的時候常常唱的歌，寶貝就會停止哭聲。如果以上原因都不是，那可能就是病了，需要我們去醫院求助醫生了。其實，男人哄孩子，也沒那麼難嘛！

——仔仔爸爸　寶貝一歲五個月

照顧產婦的禁忌

對於如何照顧新手媽媽，我覺得很多兄弟做得比我好，相比起來，我真的很羞愧。但是我這裡也想補充兩點，這可能是我們男人們經常做的，而且不太注意的地方。首先就是千萬不能在房間裡吸煙。過去因為是兩人世界，想抽就抽了，老婆也不怎麼管。可是現在有了新生兒，就要注意保護小寶寶那幼小稚嫩的肺了，千萬別讓我們的二手煙傷害到他。我在有了孩子之後，一犯煙癮就到走廊去抽，別看這麼一個小小的改變，堅持下來也不容易呢。另外就是不要過度飲酒，也不要利用慶祝寶寶出生的名義常常外出和朋友喝酒，月子裡的老婆和孩子最需要的就是我們的陪伴，本來老婆就只能天天在家悶著，我們天天去外面社交，換位思考一下，就會知道她的心裡肯定會不平衡的呀。

——圖圖爸爸　寶貝六個月

小提示

其實小寶貝哭鬧無非就是那幾個原因：餓了、拉了、尿了、冷了、熱了、想找人抱了、病了。所以只要我們一一解決，基本上就沒事了。

附錄9．月子裡，新手爸爸應做的事

女人坐月子會決定女人一生的健康，這是人所共知的常識。所以老婆生產後的一個月是絕對不能隨便的。要說照顧月子照顧得好的資深老公，家賢爸爸可稱得上是首屈一指。接下來就由他來為大家分享。

既然我們男人沒有體驗到人世上最大的疼痛，在其他方面多做一些努力實在是應該的。但是如何照顧老婆身心愉快地度過月子呢，我這裡有一些經驗心得要與各位準爸爸們分享。但是話可要說在前頭，各位準媽媽千萬不要拿我當標準來要求妳們的老公，我可不想成為準爸爸們的眾矢之的！大家的生活環境不同，個體差異也不一樣，我只是工作清閒，所以才能有更多精力投入到家庭中來。分享這些，目的是為了準媽媽們將來能更好地度過產後四週，健健康康地早日恢復。

了解「老婆至上」的道理

經歷一番死去活來的掙扎，再加上身體的傷口，產婦已經很累了，但是她依然不能休息，還要掙扎起來餵孩子吃奶，看著老婆這麼辛苦，我真的感嘆人世間母愛的偉大！尤其是看到老婆的乳頭被小傢伙吸出鮮血才能順利吃到奶，我感覺自己的乳頭也龜裂了一樣痛，各位兄弟別笑我啊，我當時真的就是那樣的感覺。等你們到那個時候，就可以體會我的感受了，所以我們在照顧月子的時候不要只會一味地關心寶寶怎麼樣，要把關注的重點放在媽媽身上。從孩子的角度來說，如果把媽媽照顧好了，她就會順利產奶，孩子及時吃到飯，這不是對孩子最好的照顧嗎？這個時候，媽媽和孩子是唇亡齒寒的關係，兄弟們要懂得這個道理。即使是我們老媽有多麼愛孩子，我們也不能像她一樣把關注點都放在孩子身上而忽略了最需要關心的老婆。

重中之重：照顧老婆的心情

產婦一旦生氣、憂鬱了，孩子的奶水就不會充足。這個常識有的兄弟還真的不知道，所以我必須再次重申一下。月子期間就算我們再苦再累再委屈也要堅持下來，不能和老婆以及其他來照顧月子的家人產生矛盾。老婆把這世上最大的罪都受了，月子期間又有激素浮動不穩定的問題，老婆發脾氣也都是因為這些原因，理解了，我們忍耐度就提高了。另外，我們幽默一點就能更容易化解矛盾。比如有一次太晚讓老婆吃到飯，老婆因為幫孩子餵奶很容易餓，於是就在臥室裡發飆了。其實我們其他人也都沒有吃飯，而且都在為他們母子忙前忙後，說委屈我也很委屈啊！可是如果不忍讓，勢必是一場戰爭，於是我一邊安慰老婆馬上開飯，一邊到廚房安撫也要發怒的老媽。等老婆吃到飯了，回過神來問我：「老公，你們吃飯了嗎？」我立刻改變腔調，裝成太監的模樣說：「妳老佛爺都沒開飯，我們下人哪裡敢動筷啊！」看老婆噗哧一笑，我立刻表情嚴肅地說：「等妳出了月子，就把妳揍一頓！」老婆吐吐舌頭，也知道自己剛才脾氣太衝動了。

盡量保證老婆的睡眠

從身體調節來說，當產婦生完孩子什麼時候最重要？我認為是睡眠，只有完整踏實的睡眠才能保證身體的恢復。說起這點我有點慚愧，老婆第一週在醫院裡度過，我當時因為心疼錢沒有幫老婆安排單人房，以為就那麼幾天而已，馬上就過去了。結果自己這邊剛安排好了，別人的孩子和家長就吵起來，害老婆都沒有休息好。另外，老婆漲奶疼痛也導致睡不好，我因為沒有事先做好這個功課，整個人都很被動。這裡需要和各位準爸爸強調一下，如果老婆出現漲奶疼痛的現象，需要馬上請通乳師去醫院或家裡為媽媽通乳以確保寶寶的餐點供應。

為老婆提供豐富的營養

看人家明星，都會請專門的營養師來調理月子餐，保證產婦既有充分營養又不變胖。我們沒有那個條件，但是現在資訊發達，我們可以去學習如何做月子餐。前兩週，應該讓產婦吃些清淡的食物，中醫上也有一句話叫「虛不受補」，產婦在產後身體極度虛弱的情況下是不能立即進行補養的，重要任務是排惡露和通乳。產婦的奶水最好是恰到好處，不多不少，如果奶少，孩子自然不夠吃。如果奶多，其實也未必是好事，產量高的奶水品質不一定就高，另外老婆擠奶也很麻煩。月子餐最重要的還有對身材的恢復，我們不是明星，對自己要求就不要那麼高了，盡力而為就好了。

對老婆下身的調養

因為我家寶貝是順產的，因此我們主要調養的是側切的傷口，我想分享一下我們對這部分的調養內容。雖然醫院開了一些藥，但是老婆產後十多天還是很疼痛，後來我上網查到一些資料，了解到下身的護理需要乾燥清爽。看著老婆難受，我心裡也不爽，於是買了一臺理療燈配合藥性噴霧劑一起使用，效果滿不錯的。如果有條件，最好能讓老婆躺著晒晒下身，利用陽光中的紫外線來消毒。

以上是我個人的一家之言，供兄弟們參考。媳婦月子期間我也有很多遺憾和做得不夠好的地方，但是在我們全家人的努力之下，老婆沒有出現任何產後憂鬱的狀況，而且奶水後來也很充足，我覺得只要達到了這兩個目的就算勝利！

小提示

月子期間就算我們再苦再累再委屈也要堅持下來，不能和老婆以及其他來照顧月子的家人產生矛盾。老婆把這世上最大的罪都受了，月子期間又有激素浮動不穩定的問題，老婆發脾氣也都是因為這些原因，理解了，我們忍耐度就提高了。

附錄 10・產前憂鬱症測試

題目要求：在與自己實際相符的選項後面標注「是」，不相符的選項後面標注「否」，最後統計「是」的個數。

1 感覺沒精神，對什麼都不感興趣，覺得什麼事都沒意義；
2 做事無法集中精神；
3 睡眠品質差，有時睡得過多，有時睡得過少；
4 持續的情緒低落，沒有原因的想哭；
5 不停地吃東西，或對食物毫無食慾；
6 非常容易疲勞，或有持續的疲勞感；
7 情緒起伏很大，喜怒無常，常為一點小事發脾氣；

8　不應該有的內疚感，感覺自己沒用，看不到未來；

9　感覺每天有些傷心和沮喪，或者感覺心裡空蕩蕩的，沒有安全感；

10　沒有原因的焦慮。

做完產前憂鬱症的測試題，如果您「是」的個數在四個（包括四個）以上，並且症狀的持續時間在兩週或者一個月三次以上，那麼證明您已患有輕度產前憂鬱症。

一般來說，治療產前憂鬱症可以透過藥物治療、物理治療和心理治療，對於孕媽咪這個特殊族群來說，盡量避免藥物治療，使用心理治療會比較適合。

附錄 10・產前憂鬱症測試

電子書購買

國家圖書館出版品預行編目資料

當我由人妻變人母，從兩條線到卸貨：給對生育感到掙扎與迷惘的妳，以及始終不離不棄、一路相伴的那個他 / 李麗著 . -- 第一版 . -- 臺北市 : 崧燁文化事業有限公司 , 2022.04

面； 公分

POD 版

ISBN 978-626-332-271-4(平裝)

1.CST: 懷孕 2.CST: 分娩 3.CST: 婦女健康 4.CST: 家庭關係

429.12 111003717

當我由人妻變人母，從兩條線到卸貨：給對生育感到掙扎與迷惘的妳，以及始終不離不棄、一路相伴的那個他

臉書

作　　者：李麗
封面設計：康學恩
發 行 人：黃振庭
出 版 者：崧燁文化事業有限公司
發 行 者：崧燁文化事業有限公司
E-mail：sonbookservice@gmail.com
粉 絲 頁：https：//www.facebook.com/sonbookss/
網　　址：https：//sonbook.net/
地　　址：台北市中正區重慶南路一段六十一號八樓 815 室
Rm. 815, 8F., No.61, Sec. 1, Chongqing S. Rd., Zhongzheng Dist., Taipei City 100, Taiwan
電　　話：(02) 2370-3310　　**傳　　真**：(02) 2388-1990
印　　刷：京峯彩色印刷有限公司（京峰數位）
律師顧問：廣華律師事務所 張珮琦律師

定　　價：375 元
發行日期：2022 年 04 月第一版
◎本書以 POD 印製